長岡亮介

的な思考とは何か

思っていた人に読んで欲しい本

技術評論社

謝辞

本書が実現される上で，講演の場，講演の音声情報を提供してくださった方々，特に，八重洲ブックセンター，ジュンク堂，日本評論社，東京図書（清水剛氏），亀井哲治郎氏（亀書房），福島高校，そして，数学的／哲学的／思想的思索をともにした明治大学の学生，院生諸君に感謝したい。

そして，しばしば講演の現場にも立ち合い，話し言葉を文章にするという面倒な作業を，労を厭わず完遂してくださった技術評論社の成田恭実氏に深い感謝を申し上げたい。また，成田氏を紹介下さり，成田氏の活動を側面から支援してくださった佐藤丈樹氏にもこの場を借りて感謝申し上げたい。ここに収録できなかった数倍の講演の文章化作業を含め，成田氏の粘り強さなしに本書もあり得なかった。

はじめに

本書は，いろいろな機会に多様な人々を相手にしたいろいろな拙い講演の音声記録を文章化したものである。

講演の良さは，議論が少々乱暴で論理的な緻密さを欠いていても，その場の聴衆の雰囲気というか，劇場とか舞台に似た全体的な聴衆の力で，微妙な理解が共有されてしまうことがしばしばあるという点にある。

しかしながら，筆者は，あまり，人前で喋ることが得意な方でない。そういうと，いまは「大変なおしゃべり」の方であるので，家人を含め，周囲の人には信じてもらえないのだが，昔は，つまり長野で過ごした少年時代は，人前で話すことが不得意な，標準的な「田舎者」であった。

しかし，高校生の頃から，「話を通じて人を納得させる」ことを「生業」のようにせざるを得ない生き方を継続してきた結果，いつしか生得的な苦手を克服し，下手ながらも人前で講演するまで「自己変革」を遂げてきた。

しかし，筆者が喋りが不得意なのは変わりない。その昔，廣松渉先生の科学哲学の講義に参加させていただいたときに，廣松先生が，そのまま哲学書の原稿になるような完成度をもって緻密な講義をなさることに，驚愕するというより，「人間としての出来の違い」を実感したことがいまも鮮明な思い出であるだけに，自分がやった講演が文字になって戻ってくると，あらためて，筆者のは，《聴衆の熱気なしには成立しない喋り》に過ぎなかったことを思い知った。講演が書籍という形で「対象化」されると，不完全さが目立って出版するには膨大な修正を必要とすると感じるようになった。

こうして修正作業の遅れがちな筆者を，編集担当者から，「講演の場にいらっしゃれなかった読者の方のために」，「講演には，書いたものにはない臨場感がある」という言葉に煽(おだ)てられ，励(はげ)まされて作ったのが本書である。編集担当者の適切なアドバイスに助けられて，講演の臨場感を維持しつつ，あまりの不十分さを補うという妥協的作業で出来たのが本書である。

確かに，講義や講演では，結構難しいことを，学生や聴衆と「共有できた！」と感ずる一瞬がある。脳科学者ならば「ミラー・ニューロン」というところかも知れないが，そのような数学的な厳密証明が困難な仮説に訴えなくても，この瞬間の《感動》は，まさに感動としか表現できない，経験であり，コミュニケーションの奇跡である。編集担当者がいう「臨場感」はまさにこの種のコミュニケーションの感動のことであろう。本書に，「臨場感」が生き生きと残っていれば，編集担当者のおかげである。

なお，本書は５つの講演からなっているが，それぞれの講演は，まったく異なる人々を相手にして，異なるシチュエイションで行なったもので，ほぼ独立な話である。それぞれの講演の冒頭に短い解説をつけているが，最初のやや長い講演は，編集と日本酒を通じて長くおつきあいいただいている亀井さんのご紹介で行なったもので，書店に足を運ぶという一般の知的な大人の方を対象に，拙著「数学再入門」の出版を意識して行ったものである。「学校で学んできた数学」ではなかなか見えなかったかも知れない「数学の考え方や数学的な発想」，言い換えれば「数学の魅力」をいろいろな角度から考えてみようという趣旨で講演させていただいた。

第２話は，「大学で本格的にやってみようと思っている若い人を励（はげ）ますお話」という主催者の依頼で，誠実な悩みにめげることのないように，「大学の数学はなぜ難しく映るのか」という問題を，技術的な話に入るのも避けずに，かつ，現代の教育システムの問題も視野において《構造的》に，論じようとしたものである。特に，大学初年級の数学の主要科目が線型代数と微積分とに分かれている現状に対して学習者として警戒心をもつべきこと，「哲学的な深遠さ」を感じて敬遠してしまう近代微積分学の基本的方法を，学習者を勇気づける方向で述べてみようとした試みである。

第３話は，明治大学奉職時代，筆者の研究室の学生と院生が事務局となって，大学の教室を使って毎月組織していた定期的な研究会『数理教育セミナー』（後にNPO法人TECUM©に発展的に解消）で，ベテラン教員からこれから教員を目指す人まで含め《教員の基本的な心掛け》を，私自身の反省（昔の言葉で言うと自己批判）として短く述べたものである。

第4話，第5話は，高校生相手に，教科書で学ぶ「無味乾燥な数学」の勉強の背後にある数学の豊かな世界を実感してもらうための講演である。講演はいくつもあったのですが，編集担当者の意向で，この2つが選ばれました。第4話は，数学と哲学，数学と人生についての基本的な理解を深めるための講演，第5話は，三角関数の勉強についての一般的に普及している誤解を解くための講演である。

というわけで，5つの講演は，内容的にはほぼ独立であるが，不思議に共通しているのは，《数学という学問の魅力》である。したがって，読者がお読みになる際は，どのような順序で読んでくださっても結構だと思います。

本書を，筆者の小学生時代の担任として文字通り教師生命をかけて私達子どもを育ててくださった故藤田至先生と，教育の理想に生きる先生の壮絶な日々を凜として支え続けた藤田和江様に捧げます。

2019年11月6日　TECUM定期研究会を4日後に控えて

長岡 亮介

第１章～第３章の※は，章末の参考文献解説ページをご参照ください。

第1章

数学的な考え，数学的な発想

これは,《数学的な認識とは何か》という,簡単に論ずるに難しい話題を主題として,「高校までの数学の経験しかない」と謙遜しつつ,なお「数学に興味をもつ」という社会人の方々のために,技術的な話を省いて,お話ししたものです。

亀井氏:

皆さん,お待たせしました。

時間になりましたので始めさせていただきます。

私は亀井と申しまして長く数学関係の仕事に携わってまいりまして今日の司会進行というほどのものでもないですが,最初に長岡さんを簡単にご紹介して,あとは存分に話をしていただこうと思います。

もうみなさんご承知かと思いますけれども,長岡亮介さんは1947年のお生まれで,計算はすれば年齢はでますからお任せするとして,お若いころ,私が日本評論社という出版社におりまして,『数学セミナー』という雑誌の編集に携わっておりましたときに,(30ちょっと前でしたと思いますが長岡さんは私と1つ違いなんですが),長岡さんが30少し前だと思うのですがある数学の先生,長岡先生の先生にあたる方からご紹介いただいて原稿をお願いしまして,それがすごいおもしろいというのはおもしろおかしい,というのではなくて,知的にすごくおもしろいわくわくするような原稿をいただきまして,それからしばしばいろんな形でお世話になって40数年，ということなんです。1970年代の後半から80年代にかけて，長岡さんが大学院生の時からの間に約10年間，駿台予備校で数学の講師をされていたんですが，たくさんの若者たちに非常に絶大な人気のあるいわばカリスマ数学教師として有名，名を馳せていらしたんですね。物理では山本義隆（やまもとよしたか）さん，生物学では最首悟（さいしゅさとる）さんというような錚々たる方々が同じ予備校で講師をされていたんですが，その予備校でのお話がものすごいおもしろいということは聞いてはいたんです。実際に私は聞いたことはなかったのですが。

それから長い時間が経ちまして，去年（2013年）の12月と今年（2014年）１月の初めに，私が住んでいる千葉市の千葉市科学館で，一般の方向けに算数と数学をテーマにした講座がありまして，そこに長岡さんが２度講師でおいでになったんですね。初めて長岡さんのお話を聞けるということで，私も家内と出かけていって聞いていたんですが，これが本当におもしろくて知的におもしろくて，こういうおもしろい話は文章で書かれるだけでなく，このおもしろさを，明治大学の学生さんだけではなくて，一般の人にも聞いてほしいなとそのときに想いを抱いたんです。それで，何か機会がないかなと思っておりまして。たまたま今年『数学再入門』という素敵な本を担当させていただいたんですが，この機会に数学の考え方とかあるいは学び方とかそういうことはどうしたら良いんだろうという基本テーマを添えて，日頃考えていらっしゃることを存分に話していただく，そういう機会をたまたま八重洲ブックセンターさんが場所を提供してくださるということになりまして，今日を迎えたというしだいです。

ちょうど今日に合わせて急速に春がやってまいりまして，本当は花より団子かもしれませんが今日は花より数学ということで今日は長岡さんの話を楽しんでいただきたいと思います。

それではよろしくお願いいたします。

〈拍手〉

ご紹介を受けてまず最初に一言

こんばんは。あまりにも素敵な紹介でありましたのでこれにスムーズに続けてお話するのは，なかなか難しいというのが正直な告白です。私と亀井さんとの付き合いは30数年以上，40年近くになるといっても過言でありません。最初，「数学セミナー」に原稿を書かせていただいたときに，吟醸酒というとても美味しい日本酒，まだ，吟醸酒がほとんど知られていなかった時代ですが，それをご馳走になって，それが忘れ得ない，最初の出会いです。そのときの店のオヤジが私に言った台詞がふるっていたんです。私はそのお酒があんまりにも美味しかったんで，つい，「これは本当に日本酒なんですか！」と感動して大声を出したんです。そうしたらオヤジがにやにやしながら出てきて「おまえ，この味，わかるのか！　お前たちが今まで飲んでいたのは，「清酒風アルコール飲料」っていうんだ。「これが the 酒だ」というんですね。すごく若い頃でしたが，うまいことというなぁと。私はその時のことを思い出して，これとよく似たことをひらめいたんです。それは，多くの人が勉強していると思っている数学は，「数学ふう頭の体操」に過ぎなくて，そんなものでない，これこそ“the 数学だ”と語ってみたい，そう決心したわけです。

数学はいろいろたいへんなこともあります。ごく最近，私が最も尊敬する友人の数学者砂田利一先生があるところの講演で，「数学というのは学生にとって長い長い暗いトンネルを抜けるものだ。ずっと先にトンネルの出口があるんだけれども，歩いているときは誰も見えない，その辛い経験を通じてしか数学を理解することができない。その辛い数学を勉強することを勇気づけるために，ところどころに明かり窓を開けてやりたい」そういう話をなさったんですね。私はまことに言い得て妙と思いました。

私自身は実は若いころから，先ほど亀井さんからご紹介があったように，受験生に数学を教えるということで生活費を稼いでいたんですが，受験数学のノウハウを教えるというのではなく，数学を勉強するとはどういうことか，という根本的な話題だけを教えてきたように思います。実際，数学をわかる，ということがわかると，学生諸君は，自分自身で数学を正しく勉強できるようになるようでした。私自身は計算も苦手だし，問題を解くのも下手ですから，受験生諸君には，問題を解くためには何を考えればいいのかということだけ講義してきました。今日の聴衆の人々の中にも何人かかつての駿台生がいらしていて，私は大変ありがたいことだと思っていますが，駿台講師時代の講義の延長で，最近『数学再入門』※という本を出させていただきました。今日はその本をめぐって「数学的な考え，数学的な発想」という題目で——実はこの題目は，亀井さんがつけてくださったものですが——少し話をしてまいりたいと思います。

これからのお話の大体の流れ

全体の流れは，「このイベントについての私の想い」，これをちょっとお話させていただいて，そのあとで「数学的な思考は何か」という本題について少しずつ具体的に話をしてまいりたいと思います。最初は身近な数学的思考，数学だからといって特に身構える必要はない，ということ，ごく日常的なところに数学があるんだということです。小学校算数，中学校の数学の話，それを話題にして，時間がまだあったら現代数学の話題にも少し入ろうと思っています。ただし，最初に告白しますと，このプレゼンテーションの資料が途中までしか完成していないのです。時間の関係で，小学校の算数の話くらいまでしか行けない可能性が大きいのですが，私はこのようにお話したいことのその一部分だけでも私の話の趣旨は皆さんに伝わるに違いないと楽観しています。

さて，このイベントについての私の想いを話させていただきたい。それは，私は日本社会が世界の潮流とだいぶ食い違っているなと感じることが少なくないということです。世界は新しい方向に向かって大きく動いているのに，まだ日本は旧態依然としている，という感じだということです。こういう話をし始めると長くなりますので，ここでは数学の話だけに限ってお話をしようと思います。

国際潮流と日本—数学を巡って

いま私は全世界的に未曾有の数学ブームだと思うんですね。このブームはいつごろから始まっているかというと，私が知る限り今から20年くらい前からなんです。何を以て数学ブームを私が感じてきたかといいますと，まず，一つは，世界的に見ていると，最もよくできる学生たちが数学科を目指していることです。

日本では少し情況が違いますが，一昔前はともかくとして，たとえば東京大学で最も優秀な学生の集団がこぞって数学を目指す，という現象は最近はない。数学科はときに，定員割れするという年もあると聞きます。しかし国際的には，世界の有数な大学の中で，数学科に進むのは最も選りすぐられた人たちなんです。

なんでそうなのか，１つの理由は，お金持ちになれるということのようです。これは日本の大学も例外ではないんですが，研究者になるのに十分恵まれた才能がある，そういう学生は大学院，特にドクターコースには行かないんですね。有名な金融のグローバル・カンパニーに行ってしまう。その学生たちに，「いや君は，もう少し頑張れば数学の研究者になれるよ」と先生がいうと，「いえ，そんなリスクを背負って教授になったところで年収１億円は無理でしょう。でも……ならば頑張れば年収１億円は夢でない」ということで優秀な学生が培った数学の力を武器に金融業界などにいくという話です。

最近，ビッグデータという話題がいろいろなところで出ています。随分高級そうに見えるようですが，あれはインターネット上に飛び交う膨大なデータに簡単な数学的なツールを使って意味のある（あるいはありそうな）情報を切り出して，判断の材料にする，という手法に過ぎないわけです。数学を少しやった人であれば情報処理技術のいろはを手に入れれば簡単にその世界に参入していくことができるわけです。

これに関連して，統計という学問あるいは手法があります。あとでまた話しますが，学問としての統計は数学で最も重要な応用の一つであります。しかし，手法としての統計は，数学的に極めて難しいというわけではない，数学に関する厳しいトレーニングを積んだ人ならば，この新しい世界で十分活躍していくことができるのは，このためでありましょう。先ほど少し触れたのは，金融の世界ですが，数理の掟を破るほどに，いろいろ派手にやり過ぎて，破綻をきたしましたが，金融派生商品（デリバティブ）の設計と運用はその基本に数学があります。数学そのものといって良いくらい，バリバリの数学です。数学が現代のグローバルな金融界をリードしているといっても過言ではないと思います。

しかし，残念なことに日本では状況がだいぶ違う。まず，大学の数学科の人気ですが，我が国では，特に最近の世界の潮流と比べて異常なくらい低調ではないかと思います。もちろん大変優れた若者が数学科に集まっているのも事実なんですが，全体としては往時の勢いがない。世界の趨勢（すうせい）に比べて元気がない。

その原因は？―1つは強迫的な数学教育？

何が原因なのだろうかと考えるんです。最終的な要因はわかりませんが，私はやっぱり教育がおかしいと思うんですね。数学に関する人々の見方が正しくない，到底まともとは言えない方向に向かっているためにせっかく数学を「勉強」しても，本来は，数学でないことを，それが数学だと思い込んでいる。初心者が算数や数学では正しく計算をして，ときに公式を利用して「正解」を見つけるものだ，と信じることは，初心者らしい誤解として笑っていることができますが，大学生，あるいは，そのように専門的な勉強を志している人々もこのように信じて疑わないとなると深刻です。

この傾向は，私が予備校で数学を教えていた1991年頃から顕在化してきたように思います。ここにいらっしゃる私と同年配以上の方々にはほとんど信じがたいことだと思いますが，いま若い人たちは「数学は暗記科目である」と心の底から信じています。そのように小さい頃から教え込まれてきているそうです。「えっ！　数学がなんで暗記なの？」「数学は暗記しなくて良いところが好きな理由！」というのが一昔前までの共通の了解だったと思います。ところが今は，数学科の学生の中にすら数学は暗記だと思っている者がいます。小学生のとき以来，学校や塾で，「きちんと暗記しなかったら，皆から置いていかれて損をするんだぞ。」――そういうふうに脅される。

数学的知識の不足ではなく，知的な姿勢の風化

そういうふうに長年の脅迫的な教育を通じて，数学の勉強が誤解され，数学の学力が低下した。しかし，それだけではない。数学を通じて物事を深く考えるという習慣が崩壊してしまっているんですね。おそらくそのためでしょうが，大学生の中で大変優秀で数学的にもポテンシャルが高かったと思われる人たちでさえ数学に対しては劣等感とか，その裏返しの侮蔑意識しか抱いていない。言い換えると，数学に対して，強い憧れとか深い敬愛の念とかを持っている若者は最近とても減ってきています。

私が自分に直接関係のない社会情況のようなものに対しこういうふうに心配していると，他人からは老人性鬱だとからかわれることもありますが，私としては単に「近頃の若者は，……」という類の老人の鬱積した不満とは違うと思っているんです。

というのは，これが歴史的にも地理的にも，最近の日本だけで見られる現象だからです。

『数学再入門』をまとめた私の基本的なスタンス

そんな日本の情況を少しでも変革したい，それもごく実直な方法で，と思って書いたのが『数学再入門』です。これは，もともと放送大学のときに作った印刷教材をベースに，大学の少し一般教養的要素を拡味して作ったものです。

なんでそういうのを作ったかといいますと，数学を「一通り」勉強した大人の方々に，どうして数学を勉強したのか見つめ直す，数学との再会の体験を通じて数学のもつ様々な魅力を実直に伝えたい，と思ったからです。数学がいかに魅力的であるといってもそれを押し売りや安売りとは違う形で伝えたいと思いました。

数学の魅力を安売りするのを見掛けることが多いですね。「数学は簡単でしょ，わかるでしょ，楽しいでしょ」――こういうのは「安売り」ですね。初歩的で親しみやすい部分だけ誇張して取り上げて分かった気にさせる，というものです。

反対に，数学は大変に高尚なものであるから，いますぐ理解して正しく流儀を身に付けないと，後で取り返しのつかない失敗になるぞ，という学問の高尚さを武器にした「押し売り」商法ですね。

少し別の言葉で説明しましょう。まず重要なのは，安っぽい

「啓蒙主義」の克服です。数学を教えるときに一番私達が陥りがちな過ちは啓蒙主義的な傲慢だと思います。「数学が分かっていない，かわいそうな人々に数学的な思考の凄さを教えてやろう」という考え方は，最近では広く普及してしまっています。

私はこの安易な啓蒙主義の一番間違えているところは，数学の問題が解けない人，たとえば子どもたちは，自分たちのように数学を理解する力がないので，それを補ってあげるための手段が何か必要であると夢想していることです。一言で言えば，親切な，あるいは，おせっかいな世話好きの教育者です。

数学が分からないと躓(つまづ)いている人と一緒に考えるというか，寄り添ってみる，そんなことを通じて「分からない」ということの深奥とか，「分かった」気になっていた自分の愚かさとかに気付くような姿勢でいたい。少なくとも傲慢な「教え上手」の足下の危うさを赤裸々にしたい，と思いました。

それからもう１つ大事な執筆の柱は，数学における「技術主義」をできる限り克服するということです。数学という学問にも，他の学問と同じく，過去に発見された知識を道具として活用していく，という技術的側面があります。道具を使って問題を解くといえば分かり易いでしょう。小さな子供にとっても難しい問題に向かいあって，あるときに解法が見える，これはとても大きな喜びだと思います。数学が好きだという小学生に「何で好きなの？」と聞くと，「解けるから」「答えが１つに決まるから」という返事が多いそうです。これはこれで問題だと思う面も少しありますが，最近もっと気になるのは，「丸がもらえるから」と答える子供が増えていることです。ちなみに，一昔前までは，「丸になる」とか「丸を取った」という言い方が主だったように思います。

最近の若い人々は自ら評価される側に身を置いて，受動的に構えていることが多いように思います。これは，私たち大人の大きな責任だと思います。

それはさておき，数学を教えるときに技術的側面ばかりを強調して「……のときには……と解く」と解説するという流儀があります。「解ける喜び」は数学の学習の中で特に重要であることは私もすごくよく分かるんですが，解ける喜びで終わったらやっぱりだめだと思うんですね。数学の楽しみは解けることだけではないということです。じゃあ何かというのはこの後でお話しします。

最後に，これは数学屋として一番気を付けなければいけないことなんですが，排他的な「数学至上主義」に陥らない，ということです。数学はとても美しく，すばらしい世界です。「数学がなんの役に立つのか，その応用のことについて語ること自体が不潔である」と断定する純粋な数学至上主義者の主張も傾聴に値するものがあります。

しかしながら，自分が数学についてそんなふうに向かっていくことはいいとして，数学の価値を理解しようとしない人を排除するような狭量な姿勢は取りたくない。すべての文化を尊重し，その中にあって，数学の素晴らしさを語る。できるだけ他の多くの文化に対して常に開かれた数学の豊かな可能性を寛容に語っていきたいということです。

長くなりましたが，これが私が数学の魅力を押し売りでも安売りでもない形で伝えようと考えた背景です。

このような考えの背景にある私の願い

本論に入る前にもう１つ，私が『数学再入門』に込めた願いについて触れさせてください。この中には若い人もいらっしゃいますが，多くの方にとっては，『数学再入門』の内容はその昔学校で一度は習った話です。以前とか過去，これを振り返ることは，最近は後ろ向きと言われてしまいますが，私は《過去をふり返る》ということは深い叡智と現実を克服する勇気が要ると思うんですが，このように振り返る人を応援したいと思いました。

すでに経験された過去は，学問の世界では，自明とか既知とか，ときには陳腐などと蔑（さげす）まれることが少なくありませんが，実は陳腐どころではなくむしろ輝いていることも多い。私のような歳になりますと，未来が少なくなってきたこともあるのか，昔日を振り返ることが多くなっています。

それはともかく，最近は，他人よりも早く進む能力が無条件に肯定される風潮があります。企業でも組織でも，そして最近は研究機関でもそうですが，新しい結果を産み出すことが強調される。こういう流れは真理の一つの側面を反映しているのかもしれませんが，ただやっぱり一側面でしかない。ほかにもっと大切なこともあるのではないかと思います。それは私たちが過去を大切にすることを通じてしか見ることができないものです。普通の人から見ると平凡とか，単純とか，陳腐という言葉で軽視されやすい価値──，その中にひっそりと潜んでいる深い味わい，それを探すような精神態度を応援したいと思った次第です。

自分で勉強したという経験に乏しい人々は，「世紀の大発見」とか「革新的な新発明」とかいうものには目がいきますが，そういわれるものが持っている「胡散臭(うさんくさ)さ」のようなものに対して警戒心を失う危険を知らない。

最近も「画期的な新技術」に大変なスキャンダルが暴かれて，その途端に，それまで大騒ぎしてもてはやしてきたものを今度はみんなで一斉に袋叩きにする，という事件もありましたが，本当に反省すべきは，何も知らずにもちあげていた自分たちのことなのではないでしょうか。

その程度のたしなみは一昔前までは，庶民も含めて多くの人が持っていたのでないかと思いますが，今「指導的」なマスコミも含めて世論があまりにも軽薄すぎて，新奇さの中にいかなる危うさが潜んでいるかを見抜ける力が衰退しているように感じています。

数学を振り返ってその面白さを再発見するような人の輪が拡がっていけば，こういう風潮も少しは変化していく，そういう期待を持っています。

数学の勉強は何のため？

さて，これから話を数学の素晴らしさの方に転じようと思いますが，まずその正反対の風潮についてお話したいと思います。

この風潮のさきがけは，私が高校生のころ流行した「受験生ブルース」です。若い方はご存じないかもしれませんが，年配の方はなつかしいと思います。「♪お出で，みなさん聞いとくれ，おいらにはオイラの愛がある♪」という歌詞なんですが，その中に「sin，cos，何になる？」と受験のために自分の人生に無関係な数学の勉強を強いられる受験生の不条理を訴えたフレーズがとても印象的でした。

当時は，どんな受験生でも三角関数までは勉強しなければならなかった。大学受験生は，そもそも選ばれた若者の集団であった，ということです。

しかし，「sin，cos，何になる？」と言われて，それにまともに答えられなかった数学の先生がもしいたなら，それは由々しい問題です。

ここにいらっしゃる方はみなさん数学が好きな方なので，sin，cos の面白さ，大切さは自明であると思いますが，「sin，cos，何になる？」という反問が出るような教育がなされていたとすればひどい話です。

もちろん，何になるのか，という実用主義的発想自身がさもしいと私は思います。

そういう問いを発する青年には，「sin，cos，何の役に立つのか分かっていたら君は勉強したのか？」「何の役に立つか分からない物事は君は勉強しないのか？」そういうふうに私は反問したいのですが，学校に限らず，今の世の中では，実用至上主義は跋扈（ばっこ）していますね。

──昔の話になりますが，文教行政の最高審議会の会長の奥方様を話題として「二次方程式の解の公式を知らなくても立派な作家として立派に活動していて不便を感じたことがない」という趣旨の発言がいわゆる「ゆとりカリキュラム」の根拠（?）になったという嘘みたいな本当の話があります。

しかし，私も二次方程式の解の公式を知らなくても生きていけることは自明だと思いますけれども，二次方程式の解という思想と一度も出会うことなく20世紀に青春を過ごしたとすれば随分まずしい青春だったね，と心から同情してあげたくなります。sin，cos という人類史に轟く大発見の偉業を知らないで青春を通り過ぎてしまうことは，富士山を見上げることなく富士の宮駅を通過してしまうことよりはるかにもったいない。シューベルトの，もの哀しい旋律を青春時代に聞かずに中年になってしまうように，もったいない。私はそう思うんですが，そのような感動体験を学校教育で保証できなかったという事実があれば，これは学校教師の責任，さらには罪，犯罪だと思うんです。

sin，cos は「何になる」どころか，sin，cos はありとあらゆる場面で大活躍している「役に立つ数学」の代表格なんですが，学校教育ではそのことを教えそこなっている。代わりに，加法定理の公式を機械的に暗記させるための「咲イタヨ　コスモス　コスモス咲イタ」のように呪文などを教えて得意になる人もいるようです。そんな機械的な暗記では通用しない世界があるし，そこではそんな機械的な暗記がそもそも意味がない。

sin，cos の現代文明上の意義

実は，sin，cos がものすごく生活に役に立っていることは現代の自然科学に携わる者にとっては自明です。しかし，自然科学者でなくても，現代社会は sin，cos なしでは生きていけな

いといって良いくらい社会の中で重要な役割を果たしています。

情報を伝達するには，音波，電波など波が使われます。そのような波の中で，sin，cos は最も基本的で，しかも規範的なものです。ディジタル情報の時代にあっても，通信の根底には通信波，そしてその技術を可能たらしめている数学があることは，しばしば忘れられがちです。残念ながら，学校数学という狭い枠の中では，これを教えることもできません。

しかし，皆さんもよく使っていらっしゃると思いますが，PASMO とか Suica。こんなものでピッと鳴るだけでゲートを通ることができますが，一度でもあやしいと思ったことはありませんか？「毎回課金されているらしいが，本当に安全にかつ正しく処理されているだろうか？」「そもそも，電池さえ入っていないカードがどうして入金，課金を正しく管理しているのだろうか？」こう考えると，ふつうは，実に不思議なことだと思いますよね。

これには非常に巧みな数学の仕組みが入っていまして，あの装置にかざした途端に向こうから電磁波という波が送られ，その電磁波によってカードの中に記憶されている情報が双方向に通信されているわけですね。しかし，そんな仕組みだったら，情報を書き換えてしまえばおしまいじゃんと思いませんか？

私は１万円をチャージした直後にカードを紛失し，泣きたい思いをしたことがありますが，自分に全く落ち度がないのにチャージした金額の情報を何者かが書き換えちゃったら，もっと大変です。そんなことは起こらないとなぜ信用できるのか。それは他人が情報を「読み込ん」でも，決して「解読」できないように情報が暗号化されているからです。現代では，情報通信のセキュリティ技術として，こうした用語だけは一般に普及していますが，ここでも sin，cos は直接結びつきませんが，それに密接した数学が大活躍しています。

情報を安全に伝達することは，現代の ICT（Information and Communication Technology）革命を支える最も重要なカギです。皆さんにとって交通系カード以上にもっと身近なのは，携帯電話ですね。スマートフォンのようなハイテク機器は高度な数学だらけといっても良いものです。「数学なんてイミわからなーい!!」と言っている人も，重力センサを利用した「万歩計」で今日の運動量を計り，GPS センサを利用した地図の「道案内」で約束の場所に到り，高い解像復元度を保ったまま圧縮されたマルチメディア情報の高速復元を通じて音楽や映像を「鑑賞」しています。そのいずれの技術を実現しているのも，基本の理論は数学です。

携帯電話に不可欠の sin，cos

最近ある事件が起き，その事件の被疑者と思われる人が逃走していたんですが，彼が友達から携帯電話を借りていたために，携帯電話を使って電話をかけたのではなかったんだけれども，どこに潜んでいるのか警察にばれた。もし，彼が携帯電話の数学を知っていたら，友人から携帯電話を借りるという危険を冒すことはなかっただろうと思います。

ここにいらっしゃるほとんどの方が携帯電話をお持ちだと思いますが，この会場だけでもこれだけ多くの人がいるのに，自分にかかってきたときだけ自分の携帯電話がブルブルしますね。奇妙だと思ったことはありませんか？　携帯電話に使われている電波はみな同じように共有しているはずなのに，どうして，選ばれた特定の携帯電話だけが反応するのだろう？　と。

たとえば，この中にいる2人の方に電話がかかっているとします。2人の方の携帯電話だけが通信しているわけです。電波としては共通なのに，特定の2台だけがそれぞれ正しく通信する。その原理を極端なくらい数学的に単純化して述べますと，2台の携帯電話がそれぞれデカルト座標の x 軸と y 軸のように直交する方向をもっているとします。高校の数学でいえば直交するベクトルです。高校数学の範囲では想像も難しいのですが，このベクトルの典型は実は関数であり，「直交する関数」

の典型は，sin，cos で作られます。

一般に，周期的な波は sin と cos が複雑に混じって作られているのですが，sin の方向の成分——これを正射影と呼びます——だけを取り出すと，これが sin の方向の軸，いわば x 軸の携帯電話への信号となります。同様に cos の方向への正射影を取り出すと，今度は x 軸と直交する y 軸の携帯電話への信号になります。電波自身は2つの正射影の“和”として1つなのですが，それから互いに独立な2つの正射影を取り出すことができ，それぞれが2台の携帯電話それぞれに対する信号である，ということです。お互いに直交しているので絶対に干渉しあわないですね。携帯電話は当然のことながら2台だけではありません。4台あれば，4つの独立なベクトルが必要です。一般に，20台の携帯電話が同時に使えるためには20次元のベクトルが必要ということになりますね。そんな高次元の世界なんて考えられないんじゃないの？　と疑問に持つ方がいらっしゃるかもしれませんが，実は，三角関数では，sin，cos を用いて，$\sin x$，$\cos x$，$\sin 2x$，$\cos 2x$，$\sin 3x$，$\cos 3x$，…を作っていくと互いに直交する無数に多くの直交するベクトルを考えることができて，それで無限次元の空間を作ることができるんです。

数学的には無限個の携帯電話が可能ですが，ビジネスの商品としては，装置の枠組みはあまり肥大化しない方が良い，そこで，携帯電話会社は，地域をミツバチの巣のように正六角形のセルに分割し，そのセルごとに基地局を設けているのですが，それぞれの携帯電話に対し，それに固有のベクトルを持った携帯電話がある基地局に入ったときに，「君のベクトルはこれね」と１つのベクトルを振り当てるわけです。携帯電話がほかの基地局のセルに移動したら，もう１回ベクトルを振り直すわけですね。携帯電話会社はそういうふうにして有限のリソースを効率的に活用することによって移動体通信サービスを提供しているわけです。

したがって，１つの基地局にあまりに多くの携帯電話が入ってきて同時に通信しようとするとできません。それが東日本大震災のときに起きたことでした。

携帯電話が移動したときには新しい基地局に「ここにいるぞ」という情報を発信して新しい基地局に登録を求めます。携帯電話を使って誰かと通話しなくても，基地局との通信が行われています。この通信は私たち一般人には公開されていませんが，通信会社を通じて捜査当局には知らされ，それを通じて容疑者の居場所が特定された，というわけです。

公共の電波やインターネットを経由した通信は，当然のことながら「盗聴」自身は昔の固定電話以上に簡単にできますから，携帯電話については盗聴に対する対策がとられていまして，通信は一応暗号化されているようです。携帯電話で近くの人と話してみるとちょっとタイムラグを感じることがあると思いますが，あれは電波が遠いところを通ってやってくるのででできるのではなく，音声情報を暗号化し，それをまた元の音声に復元するというコンピュータ処理のために生ずる時間差が大きいのだと思います。それでもやる気になれば，携帯電話の会話を盗聴することもできる——これは国際政治の舞台で曝露されたことでした。非常に巧みな工夫があるのです。

位置情報アプリにも利用されている数学

以上，sin，cos と関連づけられる移動体通信の基礎にある数学を大変大雑把にお話しましたが，最近の携帯電話に搭載されているさまざまな高機能，たとえば，GPS などは，まさに数学で実現されている。携帯電話自身が自分の位置を知る機能は，せいぜい最も近い基地局のセルの中にいる，という程度ですから，携帯電話は GPS 信号を通して GPS 衛星からの距離を計算し，それを通じて自分の正確な位置を解析するための数学的アルゴリズムが組み込まれているわけで，この程度ならば，数学の身近な有用性をゆっくり噛み砕いて話せばできることであるわけですから，「sin，cos 何になる？」なんて言葉が出て来る前に数学が身近なものであることを理解させるために授業時間を少し割くことを考えても良いんじゃないかと思うんです。

しかし，数学の，自然科学における有用性は，本当はかなり難しい話題です。したがって，これを理想的に行うのは，実は困難でしょう。ですから，数学の身近な有用性を学習者に確信させる上でさらに大事なのは，数学に怖気づかない数学のリテラシーが，社会のあらゆる場面で必須であることを確信させることでしょう。特に詳細なメカニズムが未だに解明されていない現象，たとえば人間がどうして病気になるのか，薬がどうやって効くのか，個人個人で違うことの原因の詳細はまったく解明されていないと言うべきでしょう。

病原菌，たとえば，ペストがあると，それに触れた人が全員感染して発症するかというと決してそうではない。人類は本当に何回もペスト禍を潜り抜けてきました。人口の三分の一が亡くなるくらいひどい流行のときも三分の二の人々は生き残ったわけですね。亡くなる人と生き残る人が，どういう要因で分けられるのか，いろいろな説明があるでしょうが，決定的な説明は，難しいのではないかと思います。

病気になる方は医学的には，まだ簡単かもしれません。反対の「元気」に関してはほとんどまだ何も解明されていないのではないでしょうか。

病気に関しても，根本的なこと，たとえば，痛みの本質にはまだなかなか迫れていないように思います。お医者さんがこの中にもたくさんいらっしゃると思いますが，この薬を使うとこの種の痛みが軽くなるという処方はみんなよくご存知だと思います。でも，「痛みとは何か」これはなかなか分からないですね。薬によって痛みがどういうふうにして寛解していくのか，そのプロセスは薬理を通じて詳細に説明することができるでしょうが，しかしそれと「痛みとは何か」「痛みがなくなるとはどういうことか」が解明されることはまったく別のことではないでしょうか。

統計というもう1つの数学的考え方の意味

そんな根底的な問題に対して根底的な解があるはずもないとは思いますが，最善の解がないなら次善の解を，それもなければ，とりあえず実用的な解で説得力のあるものを，……と考えることも重要だと思います。

そういう解けるはずのない問題に対しては，統計と呼ばれる膨大なデータの数理的解析が必須であると思います。大きな数のデータがあれば，その中に潜んでいる規則，関係，……などを明るみに出すということができ，これが統計と呼ばれる数学の基本思想です。

日本では，数学科が理学部，あるいは理工学部に属しているのが一般的ですが，数学，コンピュータ，統計を主要三部門として数学部を作っているところが国外では少なくありません。統計にとってもデータ数が膨大であることが重要ですから，そのようなデータを高速に処理することができるコンピュータは不可欠であり，統計学にとって，学問的基盤としての数学，実践的な高速処理，道具としてのコンピュータ・サイエンスは重要なパートナーでしょう。

最近では，ランダムに選んだ人による電話回答の集計（RDD）という非常に単純な世論の調査の結果が公表されていますが，「母集団」に対して部分的に取り出した「標本」が母集団の特性をどのように表現しているか，数学的に言うと，「標本の平均から母集団の平均を信頼率95％で推定するとすると」という部分がすっかり脱落してしまって，それどころか「政府の支持率が1.5ポイント上昇した」というような統計学的推測の基本を無視したようなコメントが最終的に流されているのは，統計教育の普及によって改善できるのではないでしょうか。これからは，人々が一部の政治家やマスコミにだまされる可能性を最小限に減らすために数学を活用すべきであり，特に統計はその基本だと思います。

有用性を超える数学的思考の真の意味

数学の有用性についていろいろ述べてまいりましたが，私は数学の意義は有用性だけにあるわけではない――一言で申すと，数学に重大な利用価値があることがはっきりしたのは，いわゆる近代数学が出来てからでして，そのような数学が発見される遥か前から，人類は，文化，歴史を超えて数学を重視してきたからです。

しかし，歴史を溯ってこのお話をすると，それだけで長くなってしまうので，今回は全部飛ばして，人類が重視してきた数学的思考とは，一体，どういうものであったのか，という統括的なお話をいたしましょう。

数学の関係者が「数学的」という形容詞を乱発すると我田引水的ではないかと思われてしまう危険がありますが，そうならないように最大限注意して，大方の方が納得できるレベルで「数学的な思考」とは何かを語ってみたいと思います。

数学的思考の特質（1）―問題を正確に捉える

とりあえずその前に，「数学的な思考」と言うとき「数学的な志向」や「数学的な指向」といった哲学的意味や「数学的な趣向」といった学芸的興味を排除せず多種多様な意味を包含させたいと考えていることをお断りしたいと思います。

さて，数学的思考の最大の特質は，問題をきちんと捉えるということだと思います。「問題を解くのが数学だ」と思い込んでいる人がたくさんいますが，解くべき問題が何であるか，分かっていないなら，解きようがありません。「問題を解く」ことに先立って，まず何が問題であるのかをきちっと捉えようとする。「問題をきちっと捉える」とはその問題の本質を捉える，問題の意味を捉える，ということです。他の人が捉えたと思い込んでいた「意味」の，「さらにより深い本質」に迫るということもしばしば大切です。

高校生，受験生に課される数学の問題も問題をよく読んでその核心が理解できれば，解き方が分かるのに，実際には多くの受験生が，解法の流れを読み切ることなく鉛筆を動かし，式の計算や変形をしていれば，いつか正解に辿り着くと思っている。水の分子運動によってブラウン運動をしている花粉がたまたま一つが出口にあたるという話だよ，とよく言っていました。

数学科の卒業生が企業の方々にしばしば歓迎して頂くのは，一番大切なのは，問題を捉えるという最初のステップである考える習慣が身に付いているからではないかと思います。

実際，リクルータの方に「なんで数学科の学生が役に立つんですか？」と質問したことがあります。そのときのお返事は，「数学科の方はどんなに難しい課題でも諦めない，あくまでも考えようとする，それがすばらしい」そう言ってくださいました。確かに，数学科で教えている一番の基本は，とにかくペラペラしゃべる前に，問題を自分の言葉できちんと理解して，自分の頭の中で他人に通じる言語として組み立て直し，それを誠実にかつ明晰に反芻(はんすう)するということです。分かっていないことを，さも分かっているかの風貌で自信満々に語るのは最低です。

数学的思考の特質（2）―的確で正確な表現

数学的思考のもう１つの特質は，「できるだけ正確に表現する」ということです。正確に表現するということは，的確な表現を通して，表現につきまとうあいまいさを削り落とすことにつながります。「数学は数式を使うのでわかりづらい」という意見を述べられる方がときにいらっしゃいますが，むしろ真相は正反対，数学は数式を使うからこそ的確に表現できるわけでありまして，自説を難解そうに飾り立てたくて数式を用いるわけではありません。$(a+b)+c$ と $a+(b+c)$ の論理的な違いのように，初歩的な事柄ですら数式を使わないと実に難渋します。

さらに，数学では，数学的に表現された数学的事実そのものをより簡潔に，より鋭利にしようと努力します。この意味では，数学は俳句，短歌，詩歌と似ているところがあるのではないかと思います。

数学的思考の特質（3）―簡潔で鋭利な表現

文学的抒情の中には，「明確に割り切れない」一種のあいまいさが重要だと思い込んでいる人がいます。私自身も高校生の頃までは，抒情的とは論理的にいい加減な部分を余韻と呼んで互いに了解した気になっているのではないか，などと思っていたんですが，大学生になってから正岡子規の『歌詠みに与ふる書』に出会い，短歌はこれほど明確に探究されるべき世界なのかととても感動しました。高校生の頃にこんなのを読んだら，自分の才能を無視してあやうく文学を志すところだったと思いました。叙情的な詩歌といっても，ああいう世界なら，数学と深く共感できるものがある，と思いました。

数学的思考の特質（4）—一般化・普遍化

数学的思考の世界が他と著しく違っている第三の点は，自分たちのアイディアや主張をできるだけ《一般化》して述べる，ということですね。これは他の分野のスタイルとは大きく違っています。それをはっきりさせるために，誤解を恐れず，敢えて奇妙な例を引いてみましょう。

たとえば，病気を診断する医療の業界であれば，病気をできるだけ細かく分類することがいわゆる確定診断になるのでしょう。

数学はちょっと違うんですよね。風邪とインフルエンザは医療的には，まったく別物なのでしょうけれど，数学の立場ではできたら，「両方とも冬に罹るけだるい病気」というより一般的な枠組で捉え，それに対するいずれの対策も「十分な栄養と休養をじっくりとり，焦らず快復を待つ」，という具合に同質化して捉えることができたなら，(これが仮に医療的に正しいとしての話ですが)「風邪フルザ」という，より一般的な病の概念を提起してみたいのです。

学問や技術によっては，説明がより具体的により個別的に，より詳細になることが進歩であると考える風潮があります。むしろ，そういう方が圧倒的に多いでしょう。

しかし，数学はしばしば正反対の方向，つまり，個別性よりは普遍性に重きを置くんですね。大袈裟に言うなら，できたら１つの定義，１つの定理だけで全世界を語りたいと思っているわけです。もちろんそんなことはできるはずはないんですが。

数学ではできるだけ個別性にこだわらず普遍性を大事にするからこそ数学以外のいろいろなものに，実は，どんなところにでも応用の道が拓けるんです。知らない方もいらっしゃるでしょうが，数学がありとあらゆるところに役に立つことは，数学が普遍的であることの結果です。

数学が普遍的であるといっても，それが役立つ具体的用途を見つけるのは数学者の仕事でないことがしばしばあります。数学者の仕事の中心は普遍的な世界を探究し，可能な限り一般的に表現することです。本当は我々人間は一人ひとり個別的，具体的な世界に生きているわけで，「普遍的な人格」「普遍的な文化」なんて「まるでサイテー！」と言われればそれもその通りと認めるんですが，数学的世界に関してだけは，できるだけ普遍的に，一般的にその世界を叙述したい，と思うのです。

数学的思考の特質（5）—一般化とは抽象化

言い忘れましたが，一般化するということは当然のことながら，具体的なものを捨象する，捨て去るということです。捨て去ること，すなわち，アブストラクトには，日本語で「捨象」と「抽象」という，２つの訳語があります。数学はよく抽象的と言われますが，悪く言えば，具体的なものを捨象しているということです。具体的なものをそぎ落とすことによって一般化することを踏まえたいと思います。

数学的思考の特質（6）—不可視の関係の発見

以上の「一般化」に加えて，「数学的な思考」の特質としてなかなか分かってもらえないものでありながら，最も大切なものを第四に挙げましょう。数学では表面的にはあまりに違っているので，それらの間に緊密な関連があるなどとは想像もできない。ものの間に，実は存在している深い関連を見出すことに数学的思索の核心を見出す，ということです。深く隠れていたために最初は実に意外なんだけれども，理解を深めるにつれ，隠れた関連は，実は必然だということを発見する。こんなときに数学者は一番喜びます。

分かり易い例で，最近いろんなところで聞かれるのは，整数の約数，倍数，素数といった純粋に数学的な初等整数論の話題が，全世界の人に開かれたインターネットで，情報をセキュアに，つまり盗聴される危険性を冒すことなく通信する公開鍵暗号方式の技術と密接に結びついていたことです。

しかし，これは数学としては少し底が浅い話に聞こえるかもしれません。では，こんな例ならどうでしょう。「定規とコンパスを用いた作図問題」の中に，整数と関係する重要な話題がある，と言ったらどうでしょう。

皆さん良くご存知のように，与えられた円に内接する正３角形は定規とコンパスで作図ができますね。正６角形が作図できるので，頂点を１つ置きに結べば良いからです。辺の比が $1:1:\sqrt{2}$ の直角３角形が作図できるので，正４角形も作図できますね。少し難しいのですが，昔から知られているように正５角形も作図できる。先ほど申し上げたように，正６角形もできる。しかし，正７角形は作図ができないんですね。“Lucky7” と言うのに，７角形はだめなんです。正８角形は正４角形が作図できるので，角の二等分作図で作図できます。正９角形は定規とコンパスでは作図できません。正10角形は正５角形ができるので，角の二等分作図で作図できます。正11角形はできません。正12角形は正６角形ができるので角の二等分でできるんです。正13角形はいかにもできそうにないですね。だめなんです。正14角形が作図できるとすれば正７角形が作図できることになりますが，正７角形はダメだから，正14角形も無理です。

正15角形は正５角形と正３角形ができるので，作図できます。その根拠は，$\frac{1}{5}\times2-\frac{1}{3}=\frac{1}{15}$ という分数についての等式にあります。正16角形は正８角形ができますので作図できるのは自明です。

さて，その次の正17角形はどうでしょうか。できそうもないと思いますよね，ところが正17角形は作図できるんですね。それはなぜか。それは17という数がたまたまですが，$2^{2^2}+1=2^4+1$ と表される素数だからです。これに限らず，このように表される素数の正多角形は作図できる。このことを最初に証明したのは若き頃の天才フリードリッヒ・ガウスでありました。$2^{2^n}+1$ と表せる素数はメルセンヌ素数と呼ばれる，今日ですら巨大な素数を見つけるためにしばしば登場する不思議な数ですが，それが作図可能な正多角形の頂点の数と密接に関係しているんです。

一方，このようななかなか見えなかった深遠な関係こそが真に重要であって，反対に誰にでもすぐに見える「明々白々の事実」は，取るに足らないわけです。鬼の首を取ったように得々とコメントするような人がもてはやされる風潮がときにありますが，数学的には，全く意味のない，情けないことなんですね。

数学的思考の特質（7）―権威主義からの自由

数学的な思考の特徴として最後にもう一つ挙げたいものは，他人が何と言おうと，自分が本当に納得できるまで自分で考えるということですね。有力な新聞で報道されていたとか，ある学者の本に書かれていたからとかいうのではなく，自分自身でその主張，一般には定理の証明ですね，それを納得するまで考え続けるのが基本であるということですね。数学以外では，このような態度が通用しないことがあると思います。たとえば，企業の中では，自分自身では不合理だと感ずることがしばしばあると思うんですね。それに対し「会社の決定だ」と言われて引き下がることも少なくないと思います。大学でさえ，教授の決定に異議を唱えたくても，権力や権威に押されて押し黙るという場面が学部，学科によっては日常的にある，という話も耳にします。

しかし数学だったらそんなふうに引っ込まなくていい。「いや，この部分が私は納得できない」それが通るんです。納得するまで証明を考え続けることができる。

古代より数学的思考が尊重されてきたわけ

このような数学的な思考の特徴が古代より数学教育の中で重視されてきた理由ではないかと思います。政治にしろ，生活にしろ，どんな分野であっても問題をしっかりと捉えそれをきちっと表現し，そしてそれを一般化して考えることは，とても大切なのではないかと思います。単に個別具体例ごとに考えるというのでは，ただ煩雑さが増すばかりで，しかも，なかなか公平で首尾一貫というわけにはいきません。

そもそも私たちの住む世の中では，日々刻々と新しい問題が生まれるわけですが，そのような新しい問題に対して新しい解決を模索する，これは現代にあってはすべての人に求められていることであるわけですね。その本当の解決にたどりつくまで必死に考え抜くという忍耐のいる行為，これは数学との出会いが教えてくれるものではないかと思います。

数学的思考への誤解

しかし残念ながら，しばしばこれら数学的思考の特質が誤解されています。最も素朴な誤解は，数学は定理と公式や定型化された解法にしたがって問題を解くことであるというものです。

たしかに美しい定理も，強力な公式もいっぱいあります。その美しさや強力さを理解するのが数学であるのに，多くの人が，定理の意味を理解することの大切さや公式の証明の重要さがすっかり忘れ去られているのは驚くべき残念なことです。

あるいは数学の論理性に関しては，論理ばかりにこだわって「人間味」や「情感」に乏しい，こういうふうに批判する人がいるようですね。数学が論理にこだわるのは自分に対して厳しくするためであって，数学以外の方に対して数学的な論理の厳密性を振りかざすことは全然ない。

数学をやっている人間であっても生老病死を初め，数学的論理になじまない世界があることは知っているつもりです。それが，正反対に，というか，多様な個性をもった子どもたちの成績を「論理」の名の下に厳格につけるという習慣が一般化してきているようです。学校数学の中で答案の一部が「論理的に不完全だから減点する」というようなことが「公平」の名の下に，教育の中で日常的になされていると聞きます。

論理はすごく大切です。論理は人と人とが分かりあうための重要な道具です。しかし論理は人を傷つけるための武器ではない。自らを研ぎ澄ますための道具だという点こそが重要です。「……であるから」という表現が答案で不完全であったら何点減点するというのは，教育的指導というよりは，「自らを研ぎ澄ます」ことを知らない人が「論理」の刃を振りかざしているという印象を持ちます。

文系・理系という奇妙な分類

最近の日本では，文系，理系という人間の分類が一般的ですね。でも一言で文系といっても，会社法のような実用的な分野から，哲学，歴史のような実用とは程遠い世界がありますし，理系といっても，数物系はむしろ少数派で，遥かに多様な工学系，そして生命系（生物，農業，医学，薬学）も含まれるのですから，この分類は，少なくとも現代では意味が乏しいと思います。旧制時代の言葉が，時代の変化に無知のまま使われています。

私は最近『経済セミナー 4・5月号』※（日本評論社，特集 経済学ガイダンス2014）という雑誌で経済学者の西村和雄先生と対談をしました。西村先生は，数学を勉強しないで「文系」に進む学生に警鐘をならしていることでも有名ですが，高校における「文系」「理系」という進路指導が数学の勉強を継続するか，断念するかによる進路，振り分けになっている現状は残念です。

私自身は大学に入る瞬間まで文学部に行こうか理科一に行こうか，迷っていました。正岡子規を知っていたら危ないところだったんですね。私は文学部に行っていたら哲学をやりたいと言っていたからなんですが，本当はいわゆる文系に行って活躍する人こそ，せめて高等学校までは数学をきちんと勉強することが大切だと思います。高等学校までの数学の経験が真に生きるのはいわゆる文系で生きる人たちだと思うからですね。文系の分野で生きる人たちが数学の考え方に敬意を感じていないとすれば，私はさみしいと思わざるを得ないんです。もし数学的な言語を持たずに単なる情感に走ることがあれば，ファシズムがやってきたときに脆(もろ)くも崩れてしまう。有名な哲学者の言葉にこういうものがあります。「3つの形容詞は，3つのうち2つは両立することはあるが，3つともが共存することはない。1つは『人間的である』，もう1つは『知的である』。3番目は『ファシスト的である』です。「人間的で知的であれば絶対にファシストにはならない」。「ファシスト的であって人間的であれば知的ではない」。「ファシスト的であって知的であれば，人間的でない」ということです。私は文系のリーダーたちが知的であるということがとても大事なことだと思います。数学を苦手だと感ずる人が文系に行っている。これはおそろしいことですね。もしこんなことがしばらく続いたら本当に大変なことになると思います。

存在しないものを考える数学

数学に対する誤解の中には，数学者という輩(やから)は現実の世界にはないものを自分勝手に空想している。自己満足の世界に充足している３次元の自然の物理空間と無縁な世界の中だけに生きていると思われているのですが，すでに触れたように実は情報通信の世界でさえ，はるかに高次元空間が必要です。数学には虚数という重要概念がありますが，「虚数」＝虚(むな)しい数という字面だけを見て虚数は世の中には存在しないものだと思っている人がたまにいます。実は虚数は実在しないどころか数学的には，実数以上に大切なものです。虚数の魅力を高校生に十分に知らせることができない時代が長く続いてきたんですが，新しい学習指導要領で，数学Ⅲを学習する高校生は虚数について勉強する機会が少し出てきたんですね。これは日本の将来のためにとても良いことだなと私は思っています。行列がなくなったのが残念だという声を聞くことも多いのですが，それよりも，数学的な話題としては少々狭くとも，虚数──数学ではより一般に複素数といいますが──の概念のように，世の中には存在しないと思われているものが現実を，いかに生々しく的確に語る力を持っているか，そういうことを体験してもらえると，小説家になるためにも，外交官になるためにも，法曹界で活躍するためにもとても役に立つのではないかと思います。

数学者に対する偏見(1) ―妥協を知らない

それから，もう一つ，数学者はあくまで自分の理想だけで追っていて，適当なところで妥協することを知らない，としばしば指摘をされます。この正しい指摘についてはすぐ後で戻りますが，最近，若い学生はカタカナで「テキトー」という表現を「いい加減」とか「でたら目」の意味で使うので，学生と話が通じないことがあるんです。漢字の意味ではふさわしいということですね。

話を戻しましょう。数学者が適当を知らない，と非難する人は，数学者の主張は極端，過激で，「落とし所」のような，政治的感覚に欠如している，と。

たしかにその非難は，的を射ているところもあります。数学者はしばしば，論理的にあいまいな言葉の使い方を許さず，考え方も徹底してラディカルです。日本の中では正反対が重視されることもあります。たとえば，医療としては，ひん死の患者さんの寿命を1週間延ばせば医学の勝利と考えられる局面も少なくないようです。しかし，数学者からみると95歳が95歳と1週間になること自身にどれほどの意味があるのか，と考えてしまうんですね。単なる寿命の長さの問題でない。長さを考えたら，どんなに長くても所詮は，有限のはかない命です。

話は少し脱線しますが，その昔，お医者さんたちのシンポジウムでパネリストをやって，このような「不適切発言」をしたのですが，驚いたことに医療関係者から大きな共感をもって迎えられました。「まさにそこが問題なんだ」「だから QoL が大事なんだ」と。本当の意味での生き甲斐，つまり QoL が確保できないんだったら，長生きのための治療も意味がない。そういう末期の患者を見つめる医師のまなざしは，本質をこそ大事にするまさに数学的な思想で，生かじりの哲学や現代思想の言葉を振り回して世界を凌駕(りょうが)した気になる現代の軽薄な風潮と違っていて，さわやかでした。

数学者に対する偏見(2) ―変人である

外部から数学を見るとき，「数学者は変人である」というのがありますね。「変人は数学者である」── これは明らかに間違いですが，「数学者は変人である」というとこれは多くの場合誤解である，と言いたいのですが，少し厳しいところでありまして，実は数学的には大天才なのですが，確かに変人という人はいます。最も有名なのはこの人です。誰かわかりますか？インドの非常に有名なラマヌジャンです。20世紀最大の天才的奇才といっていいかもしれませんが，ふつうじゃないんですね。彼はカースト制度が生き残っている時代のインドに生まれ，夢に現れた神のお告げによってイギリスに行きます。イギリスの非常に有名な数学者ハーディに招かれるのですね。

ラマヌジャン

ラマヌジャンがいかに大変な異才の人であったかを物語る有名な話があります。詳しく正確な話は，本で読んでいただきたいのですが，ハーディはラマヌジャンのお見舞いに来た。そのとき，ハーディがタクシーだか何だかに乗ってきたのだが，その際，車両だか切符の番号が「1729であった。つまらない値だ」と言ったというんですね。そうしたらラマヌジャンが即座に「それは２つの立方数の和（a, bを正の整数としてa^3+b^3）として２通りに表される一番小さな整数です」と答えたというんです。実際，$1729=12^3+1^3=10^3+9^3$です！

もしかすると，ハーディが事前にこれを知っていて（というのは，19世紀に発展した代数的整数論の重要な話題でありますので），ラマヌジャンの数学の聡明さを試すためにこういう話を作ったとすればそれはそれで，できすぎたうまい話ですけれども，ラマヌジャンだったらあってもおかしくない，そういう人なんです。

ラマヌジャンの公式として有名なものがあります。

$$\frac{1}{\pi}=\frac{2\sqrt{2}}{99^2}\sum_{n=0}^{\infty}\frac{(4n)!(1103+26390n)}{\left(4^n 99^n n!\right)^4}$$

とか

$$\frac{4}{\pi}=\sum_{n=0}^{\infty}\frac{(-1)^n(4n)!(1123+21460n)}{882^{2n+1}\left(4^n n!\right)^4}$$

とか，πについての等式なんです。πについては，グレゴリー・ライプニッツの級数 $\frac{\pi}{4}=1-\frac{1}{3}+\frac{1}{5}-\frac{1}{7}+\frac{1}{9}-\frac{1}{11}+\cdots$ という簡単なものがあるんですが，これは実際は収束が遅くて実用的には使えません。ところが，ラマヌジャンの公式は非常に収束速度が良いんです。ラマヌジャンの公式を発見したときには，もちろん，コンピュータも今のように普及していない。だからこんな公式が出たときに誰も信用しませんでした。ラマヌジャンが考え出したものだからひょっとすると，と思った人もいたかもしれないですが，証明はなかった。ラマヌジャン本人も証明を与えない。ラマヌジャン本人は天の神様と話をしている，そう言ったそうです。それで何人かがコンピュータを使って細かく計算を進めてみたところ，どうも正しいらしいと分かり，その後数学的な証明も与えられるわけです。ラマヌジャンはこういう異様な定理を発見する，大天才，大奇才です。

ラマヌジャンの異才ぶりをもっと良く物語るのはπについての次の近似公式です。

$$\pi \simeq \sqrt[4]{\frac{2143}{22}} = 3.1415926525\cdots$$

右辺は簡単な有理数の4乗根に過ぎないのに，なんと，小数第8位まで正しいんです。相対誤差でいうと，0.000000003%という精度です。πはこういうふうに表され得ないということが証明されていてラマヌジャンがそれを知らぬはずがないので，単なる近似公式には，数学的に意味がないということは十分に知っていながら，こういう公式を提案しているのが不思議なところです。さらには

$$\pi \simeq \frac{63\left(17+15\sqrt{5}\right)}{25\left(7+15\sqrt{5}\right)} = 3.1415926538\cdots$$

や

$$\frac{1}{2\pi\sqrt{2}} \simeq \frac{1103}{99^2} \Longleftrightarrow \pi \simeq 3.1415927\cdots$$

のような近似公式もある。数学的な意味は不明ですが，驚くべきことですね。こんなに精度の良い簡単な表現をいくつもみつける，ということは普通じゃないですね。

現代の大天才 ペレルマン

モーツァルトについての有名な“アマデウス”という映画がありますね。「神が愛する」という意味ですが，数学者の中に，

神が特別に愛している，としか言い様のない，普通じゃない，ラマヌジャンのような人がいるのは事実です。

最近の数学者の中にもいます。現代の最大の天才にして，最高の変人。写真をご覧になるとすごくハンサムな人ですね。数学関係者はご存知かと思います。ペレルマンという人ですね。ロシア人ですので，ロシア語の発音に近く，ペレリマンと呼ぶほうが良いかもしれません。彼は未解決の難問として有名であったポアンカレ予想を解いた。彼が解いたのはもっと難しい問題で，彼が解いた問題の系として，ポアンカレ予想が解けているというとんでもない才能の人なのですが，その業績によって，彼は数学のノーベル賞と言われるフィールズ賞を受賞することに決まったんですね。しかし彼はその授賞を辞退したんです。そのときに彼が言ったのは，「私は金と名声にはなんの興味もない。私は動物園の動物みたいに見世物になるのはまっぴらごめんだ」という言葉だったそうです。

フィールズ賞はその副賞の賞金だけでも大変な額で，日本では小平邦彦先生，広中平祐先生，森重文先生が獲得しています。日本でもたった３人です。

しかしペレルマンは辞退したんです。それだけではないんです。クレイ財団が100万ドルを，日本でいうと１億円以上の賞金をペレルマンにあげると申し出たのに，それも辞退したんですね。

今の若い人なら，もらえるものはもらっておけばいいじゃないと思うところでしょうが，そうじゃないところがペレルマンのペレルマンたるところで，彼は母親の年金でいまもロシアの田舎でキノコ採りを趣味に生きているという噂です。

ペレルマン

天才的な数学者の中には，このような一般人の感覚では理解できない変人が存在することも事実です。

変人的天才から凡人が学ぶべきもの

しかし，これから，数学者はみな変人である，とか変人じゃないと数学者になれない，という推論をするのは正しくないと思います。

そうではなくて，社会的に変人であっても，真に尊敬すべき偉人が存在する，これが紛れもない真実であるということを私達は数学を通じて心に深く留めておかなくてはいけないということだと思うんです。私達は少し変わった人間を「変人」と呼んで，自分たちの社会の中からどこかに排除していく，そういう動きをすぐにしてしまうと思いますが，やっぱり変人を大切にしなければいけないということを，数学の天才的変人たちは教えてくれているのではないかと思います。

私達の社会が最近失っている寛容性，これについてこういう偉大な人々が，偉大な仕事を通して，あるいは偉大な人生を通して私達に気付かせてくれているのではないか，そんな気がします。

数学者たちの中でも，自分たちの集団を見て，だいたい40%から60%の確率で自閉的傾向が強いとか，「アスペルガー症候群」と判定されるかもしれないと仲間うちで言い合っています。たしかに，日常生活を送る上ではお互いに危ないところはあるけれど，数学という世界があったおかげで一応社会人として一人前に生きていることができる，という会話をすることがよくあります。

しかし，一方で，数学的思考というのが決して特別な変人たちだけのものではない，ということも強く申し上げたいと思います。

高木貞治先生，小平邦彦先生をはじめ，世界をリードした日本の数学者の中にも，何をやっても一流という優れた教養人がたくさんいらっしゃることも忘れてはならないでしょう。

誰でも分かる数学的発想について

　数学的発想ということで，最後に，小学生でも知っている話題を取り上げたいと思います。与えられた整数が偶数であるか，奇数であるかというのは判定するのは簡単ですね。1の位をみて，0，2，4，6，8であれば偶数，そうでなければ奇数。これはよく知られています。3の倍数の判定，これも小学校で習いますが，こちらのほうがおもしろいですね。各位の数を足して3の倍数であれば，全体が3で割り切れるというものです。ここで大事なのは，この3の倍数の判定の根拠が9の倍数の判定の中にあるということですね。9の倍数であるかどうかは，各位の数を足して9の倍数であるかどうかで決まります。この原理を簡単に説明するために2つの整数m，nの差が基準とする整数pで割り切れる――これはm，nをpで割ったときの余りが等しいことに他なりませんが――ことを

$$m \equiv n \pmod{p}$$

という記号で表すことにすると，

$$m \equiv n \pmod{9} \quad \Rightarrow \quad m \equiv n \pmod{3}$$

ということです。

　私は上で述べた3，9の倍数の判定法を小学校で習ったときにとてもうれしかったことを覚えています。なんでこれが普遍的に成り立つのか不思議でしょうがなかった。いま中学，高校

で教える標準的な証明はこんなものだと思うんですね。十進法の $n+1$ ケタとして $a_n a_{n-1} \cdots a_2 a_1 a_0$ と表される整数 N は

$$a_n \times 10^n + a_{n-1} \times 10^{n-1} + \cdots + a_2 \times 10^2 + a_1 \times 10 + a_0$$

という数のことである。ここで $10^k = (10^k - 1) + 1$ であるが，$10^k - 1$ は，10^k より1だけ小さい数であるから9が連続して k 個並ぶ数である。上の式に出て来る 10^n，10^{n-1}，…，10^2，10 を今の式で使って書き直してやると最初の $a_n \times 10^n$ が $a_n \times 999\cdots9$ と a_n 1個分の和として表せる。この9が連続して並んでいる数は9の倍数であるどの位についても同様であるから，これらをまとめてしまおう，そうすると全体として9の倍数と各位を数の和となるので，整数 N が9で割り切れるのは，各位の数の和 $a_n + a_{n-1} + \cdots + a_2 + a_1 + a_0$ が9で割り切れる場合である。このように証明できるというわけです。

学校数学ではこういう証明が普及しているようですが，これはたしかに間違ってはいないのですが，私からみると $10^k = (10^k - 1) + 1$ という，すごくうまい技巧的な変形になぜ気が付くのか，おかしいじゃないかという意見が出ても良いように思います。右辺を左辺にするのは分かるけれども，左辺を右辺にするというのはどうしてかと思うのは自然ではないでしょうか。「なんでこんなうまい変形に気が付くんだろう？」こういう素朴な疑問を克服できないと，数学の定理を証明するとか，理解するには神秘的霊感が必要で，そのようなひらめきがない

人は，覚えるより仕方がない，と暗い気持ちになってしまうのでしょうね。

たぶんこういう「教育」の結果だと思うんですが，最近は「数学も覚えれば良い」と諦観の域に入って自ら《努めて強いる》という努力，そう達観したというか，むしろ精神だけ老化が進行したような世代が登場してきているようです。私はそれは，さきほどのような「なぜこうするか」が納得できない不条理な勉強が押し付けられてきたからではないかと思うんですね。

そもそもあんな証明は本当は良くないんです。小学校や中学校では，a_n のような添え字の記号（右下に書く小さな文字）を使うのはタブーですから２桁とか３桁の整数に限定することが一般的ですが，このような限定に問題があるかというと，私は必ずしもそうは思わない，つまり，３桁を４桁にする，４桁を５桁にする，条件を緩和することは可能であるので，桁数の限定は大したことではありません。こういう擬似一般的（quasi general）な方法は，教育ではよく使われる不思議な説得力のある方法だと思うわけです。しかし，この証明には quasi general な方法という言葉では説明しきれない問題がさらにあります。それは途中を省いて書くんですが，・（点）を３個書くことで本当は何が意味されているのか，これが数学的にみて厳密な表現になっているのかというと，本当は問題です。途中を省いても情報の発信者と受信者との間で正しく情報が共有されると関係者がみんな共同で思っているだけですが，厳しい情報交換の場，たとえば，コンピュータ上の通信ではこんなことは絶対に許されるはずもないんですね。「…」で省いてあとは間の情報を補いなさいというのはありえないわけです。コンピュータに対する通信ではこういういい加減なことは特別の約束をしない限り決してできない。

これは人間同士のコミュニケーションの深淵な謎の１つです。私は最近数学教育に若い頃以上に興味を持つようになっているのですが，それはこういう人間の理解の仕方にすごく不思議な謎があると思うからです。

ただし，この「…」に関してだけ言えば，「数学的帰納法」といわれる論法とΣ記号と言われる記号法を導入することによって，この欠点は克服することは簡単にできます。したがって，論理的に見て克服できない致命的な欠点というわけではありません。

しかし実はもっと深刻な問題があって，それは23456のような単なる数字の並びの列を二万三千四百五拾六のような数の表現として理解し直すことの問題です。これは拙著『数学再入門』※にも書いたことなんですが，代数的な式を表現するために，相反する二重の規約が存在することはあまり理解されていません。つまり $a_n \times 10^n$ という積で一般に文字式を書くときに「×」という記号は省いても良いときには（省かなければならない）とされているのですが，では「10」というのはどうなるのか，１かける０という意味であるとは誰も解釈していません。つまり数を表現するときの記号の規約と文字式を表現するときの規約が矛盾していて，数を表現するときの規則が下位の規則に縛られない，いわば上位規程になっているということです。ただし，私達があまりに十進位取り記数法に親しみすぎているために，その規程がこのように矛盾していることに気が付かないようになっているということです。これはある意味で熟達がもたらす思想的愚鈍，私たちが記号法（記数法）にあまりにも慣れ親しんでいるために，それとは本質的な区別のある代数的記号法の異様さが見えなくなっているということでしょう。位取り記数法と代数的記号法の双方の利便性が両者の間の論理的一貫性よりもはるかに上回ったからなのでしょう。明らかな矛盾には目を瞑（つぶ）るが，数の表現では位取り記数法を優先するのが基本的な了解になってきたわけです。

しかし，もっと簡単な証明があると思います。

何の例でもいいんですが，たとえば，563＋498を

$$\begin{array}{r} 563 \\ +\ 498 \\ \hline 1061 \end{array}$$

のように筆算でやりますね。これは簡単な足し算の筆算ですが，この筆算で何が使われているかというと，３と８を足すと11。６と９を足すと15，というような一桁の数の足し算と，位

取り記数法の基礎にある計算規則（加法，乗法の交換法則，結合法則，分配法則）が使われているんですね。今の子供たちはこういう原理的なことは習わず，3と8を足すときは，まず3を2と1にわけて，最初に2を8に足して10を作り，この10に残った1を足して，11を作る，──そういうその場限りのバカげた計算の技法を小学校で強制的に教わるらしいんですね。要するにかけ算の方は九九という形で丸暗記させて，足し算の方は暗記させずに，「10を作る」とか「5に分解する」とかいう教育が一般的のようです。私は，足し算とかけ算をこのように峻別する理論的な理由は見出し得ないと思うのですが，全科目を教える小学校の先生の中にも数学の専門家という人がいるようで，いやはや困ったものだと思いますが，それで生きている人たちの領域にズカズカと足を踏み入れるのは，ちょっとためらいを感じてしまいます。

一方，計算が苦手だった（そして今も苦手である）私は，子供のころ+9というのは好きでした。なぜかというとそれが簡単だったからです。そろばんだと，9を足すときは1下げて，上の位に1を加えるだけです。+9というので面倒なのは1引くという部分だけなんですよね。それに比べると足す7や足す6は難しいんですね。

「足す1」と「足す9」，計算が不得手の私でもその2つは得意だったわけです。実は+9が「1引くだけ」という中にさっきの整数の性質の根拠がほとんど全部入っているんです。たとえば9に9を足す。このとき，加えられる数9に9を足すと1つ上の位に1を足して加えられる9から1を引くわけですね。この時の変化を詳細に見ると，元の9が8に，1減って8になっているわけです。

$$\begin{array}{r} 9 \\ +\ 9 \\ \hline 18 \end{array} \quad -1$$

一方，十の位は，1足されていますね。「足す9」という変換によって，「一の位は1減り，十の位は1増えている」わけです。ですから，一の位と十の位の和は0+9=9が1+8=9に変わっただけです。この次も似たようなもので，18に9を足しても，一の位が1減って十の位が1増える。一方が1減り，他方が1増えるわけですから，和が9のままです。「+9」をすることによって，9→18→27→36→45→54→63→72→81，こういうふうにずっと一の位と十の位の和が9に保たれるわけですね。ただし，これはここまでの話で，90の次に+9とすると，0の段に9が純粋に増えて99となるわけです。だから各位の和は9+9で18に増えてしまうんですが，9の倍数という性質は保たれていますね。

900に9を加えると909，990に9を加えると999，…，という具合に各位の数の総和の値が大きくなっていくことはありますが，このように考えると，小学校で足し算の基本さえ分かっていれば，ある整数が９の倍数であるかどうかを判定するために各位の数を足して和が９の倍数になることが，元の数が９で割り切れることと同じであると十分に理解できるのではないかと思います。

決して代数的記号法を使って先ほどのように計算しないとならないというわけではまったくないわけですね。

実は，９という数が特別なのは，それに１を加えたら繰り上がりが起こる最後の数であるからでありまして，それは私たちが十進法を使っているからです。もし八進法とか十六進法を使っているなら，７の倍数とか15の倍数が同じように判定できるわけです。

このように簡単で初等的なところにおもしろい話題がいくらでもある，ということを例として申し上げたかったのです。そういうことを共有していただけたら幸いです。

数学は実はこういう初等的な範囲を超えて少し高級な範囲に入ればもっと楽しい話題がどんどん増えてきます。ですから，この中にいろいろな年代の方がいらっしゃいますが，若い人は思いっきり難しい数学に立ち向かっていく勇気を奮い起こしてほしいと思いますし，私のように年配の方は，歳をとったという時間の充実を図るために，既知の数学の意味をもう一度辿ってみることをおすすめします。

私の友人の中には，１日１題受験時代の問題を解くことを日

課としているという，私の目から見ると変人や，もっと面白いのは，私の親友の１人（敢えて名前は伏せますが）は，数学をお母さんに教えることを趣味としている人がいます。何を教えるかというと，実数 a について $|a|$ が $a<0$ のときは $-a$ であることを教えるという趣味なんです。ほとんど毎日お母さんにこれを教えるのですが，お母様もなかなかの人で，$|a| \geqq 0$ であるから $-a$ となることを納得してくれない，その度に私の友人は「玉砕」しているようなんですね。でもそのことを彼は大きな喜びとしている。

私が，みなさんにぜひお願いしたいと思うのは，数学の理解の喜びをぜひ若い人に伝える，そういう力たちにあるいは，そういう方たちの力になっていただけたらありがたいなということです。

そのためにもみなさん自身が数学的な思考，数学はしばしば数学の美ということばで語られることが多くて，私もそういうふうに語りたいこともありますが，数学関係者が数学の美と語ると我田引水的と申しますか，自己利益誘導的であると思うので，今日はそれを敢えて避けています。でも数学的な思考の普遍性や魅力，その一端をお伝えすることができたならば幸いです。

第1章　参考文献解説

[1]『数学セミナー』（日本評論社）

日本評論社から出版されている月刊数学誌。数学を巡る先端的な話題の解説から自分の専門意外の専門に関心をもつ読者のための啓蒙的特集記事，また数学史や数学教育，数学的な芸術，数学的パズル，数学書の書評まで広く取り上げられている。大学初年級の学生が読んで理解できる記事は多くはないが，初年級学生のためのその特集号も組まれている。筆者にとっては大学時代の恩師藤田宏先生（東京大学名誉教授，TECUM 執行名誉 会員）との共著の形で記事を書いたのがいまも懐かしい思い出である。当時編集責任者であった亀井さんとの最初の出会いのきっかけであった。

[2]『数学再入門：心に染みこむ数学の考え方』（長岡亮介著，日本評論社）

元々は筆者が放送大学奉職時代に書いた同名の印刷教材をもとにしたもので，「高校までの数学は終了しているた大人たち」のために，「本当に必要な数学の基礎知識」を精選（高校までの書籍の記述は数学的には実は不要のものばかり！）するとともに，学校数学の範囲では誤魔化ざるを得ない数学的な問題を大人なら分かる視点から書き加えるとともに，学校数学では扱われないやや進んだ数学の重要な話題を学習者にあまり大きな負担をかけない範囲でコラム的に扱った。

[3]『経済セミナー』（日本評論社）

筆者は定期講読していないので，批評することはもちろん紹介することも出来ないが，経済学という不可思議に見える社会現象についての学問的なアプローチを紹介する定期雑誌で，同じ出版社が発行する『数学セミナー』よりは読者層も影響範囲も広いかと想像している。経済というと，わが国では「お金の問題」と思われることも多いが，そもそも簡単そうに見える「お金の問題」が難しいことは，この数年の日本銀行の金利政策の混迷ぶりを見ても分かる。西村先生との対談で教えて頂いたのは，筆者が心配している，近年の若者の知性の萎縮現象が，文部科学省の政策に若者が《経済学的合理性》をもって対応していることの結果であるという発想であった。経済学は，理想的な社会を実現するための戦略として重要であると思う。

現代数学の技法と思想
現代数学入門入門

第2章

以下は，第１章とは正反対に，主に，現代数学に向かおうという意志をもつ若い人に大学での数学の学習への取り組みについて留意すべきことに焦点をあてて立論したものです。

現代数学の難解さの根拠と深い魅力についての入門となることを期待しています。

『現代数学入門入門』

私は数学の話題を学校で数学を嫌いになったという方々に数学的な考え方の面白さという趣旨で話すことが好きなのですが，今回は若い人のために，大学でしっかりと勉強するように，勇気づけるような数学の具体的な内容を伴った話をせよというのが主催者からの要請です。私にはだいぶ難しいチャレンジであると思いますが，皆さんが退屈しないように現代数学への入門のお話を進めたいと思います。

というわけで，「現代数学入門入門」というのがお話の主題ですが，今日の短い話だけで現代数学の入門部分への全容を分かっていただけるというつもりはありません。でも，現代数学の世界へ入門したいという気持ちをお持ちの方に，先へと進む勇気と元気をつけることができれば，と思っています。

よりよい未来のために何ができるか

最近『数学の森－大学必須数学の鳥瞰図』※（東京図書）という本を出したんですが，初めに，どうしてこれを出したのかというお話を通じて，この数年痛切に感じるようになったことを話したいと思います。

その次に，70歳を前にして遥かに若い学生時代に私自身が数学で苦労した思い出をお話したいと思います。思い出話というよりは，年輩の私がよりよい未来のために何かできないか，皆さんと一緒に考えたいということです。

数学では技術的な話も避けて通ることは不適切なんですが，それは本当はどうでもいいんですね。本当はそうなんですけど，でもここでは敢えて避けないで話しますが，技術的なことがこの場ですぐに分からなければ，今日の段階では無視してくださってもかまいません。明日以降，どこかで何かの本でゆっくりと勉強していただければ済むことだからです。

では，『数学の森』に至るまでの話をしたいと思います。

リメディアル教育

私はその昔，放送大学に勤めておりました。皆さんの中には，その頃の私の番組をご覧になった方がいらっしゃるかもしれません。私が最後に作った講義の１つの印刷教材を改訂して書籍としてまとめるというお話をいただき，それならなんとかなるか，と思って引き受けてしまったんですね。その原題は『初歩からの数学』※という教材です。今から15年前くらいになるでしょうか，全国の多くの理工系大学で，アメリカに倣って「リメディアル教育」という言葉がしきりと言われていました。それは大学生になったのに，高校までの学習内容が理解できていない者が少なくないという現実を直視して始めたものでありました。共著者の岡本和夫氏は，長年の友人なんですが，二人で世間話をしているときに，我が国には（もしかすると国際的にも？）なかなかちゃんとしたリメディアル教材がなくて，やたら基本的＝初歩的な練習問題の，復習という名の反復ばかりに終始していて，高校で一度嫌いになった数学を大学でもう一度嫌いにさせている，そういう印象が強くあったので，リメディアル教材の新しい規範になるものを作りたい，と思いました。理工系学生が大学の学問に向かうための最低限の前提条件を厳しくもまた温かい激励の気持ちを持って示してやりたい。その本の中に掲載する高校までの数学の内容は必要最小限に精選し，学校数学教育の，しかし数学的には余分なことをすべて省く，ということです。高校の教科書を見てみると，一度見ればそれで十分で，本当にしっかりとやらなくてもいいことがたくさん書いてあるんですね。そんなにやらなくていいことが強調され過ぎていると感ずるんです。少なくとも高校で最低限これだけはマスターしておくべき，という内容に絞りたいと考えました。

学校教育の世界では，親切な教育という名の「奇妙な教え過ぎ」の風習が定着していますが，これは，若い人に対する子ども扱いだと思うんですね。若い人を一人前の大人になっていく人として扱ってあげたい，そういう気持ちがありました。

きちんとした学問の準備が整っていない状態で大学に入ってくる若者に対して行う，名ばかりで中身がない我が国の大学教育を本当に実質的な高等教育にするにはどうしたらいいのか，そういうことを考えようじゃないか，そういうメッセージを込めて本を作ったわけです。具体的にはどういうことをやったかというと，高校数学の高校数学的な復習でなく，高校数学プラスアルファの数学的知識，その中核的な内容を，大学での学習をきちんと視野に入れて総復習をしよう，それを通じて大学の数学を理解するための跳躍のバネとしてほしいと願ったのでした。そうなってこそ初めて高校での躓きを挽回する，真のリメディアルになると私達は考えたわけです。

高校教育の問題点

我が国の高校教育の問題は，大学教育の深刻な問題と密接に関係しています。数学に関して言えば，高校までの教育があまりに小さな技術的話題に限局されているために，その教育で育った大学生が現代数学の核心的な部分をきちんと理解できないまま卒業していくという現象です。

これは東京大学といえども例外ではないと思います。しかし，そういう大学生の中にも，現代数学に対して深い憧憬（しょうけい）の気持ちを持っている人がいないわけではない。しかし，日々の課題を消化するのに忙しくて現代数学の勉強に時間がとれないという現実もあるんだと思います。これは大学を卒業した社会人の中にはもっといっぱいいらっしゃる。

私は放送大学に約10年奉職した関係で，社会人の方の中に，数学の勉強への渇望のようなものが強くあることを実感しました。そういう方のために少しでも役に立つような，役に立つというよりは，より本格的な勉強をしてみたいと思ってもらえるような本をいつか書こうとは思っておりました。

こういう気持ちが裏にあったこともあって，本当は『初歩からの数学』※を大きな改訂をすることなく出版する予定だったんですが，編集者の熱心な説得に根負けして，大改訂をすることになりまして，『数学の森』ができたわけです。

大学数学には素晴らしい名著と呼ぶべきものが多い。特に古典的な本には良書はとても多いのですが，最近の大学生が育った知的状況に応えるものは少ない。しばしば学生たちに迎合的といいますか，学生たちにマンガのように分かりやすい説明を試みている，そういう本はあるんですが，本当に真剣に若い人に，知への願望を抱かせ，知の泉で喉を湿らす甘美な喜びを与えようとするものは少ない。

ところで，日本の大学生は不勉強だ，アメリカの学生のほうがよく勉強する，アメリカの本は厚くてしっかりしているとよくこういうことは言われてきました。長期間受験勉強をしたせいで，入る頃にはもうくたびれているんだとか，大学に入学しただけでもう満足している，そのために勉学に対して怠慢になっているんだと，こういう説明がよくなされてきました。

最近では，大学生の不勉強以前の問題として，若者の「学力低下」が極めて深刻な状況で，それを嘆く声がすごく大きい。文部行政で使われた「ゆとり」もキー・ワードとしてよく登場します。

最近の学生の傾向

それも分からないではないんですが，私の目から見ると最近の学生の状況は少し違っていて，怠慢というよりはむしろ勤勉。単位をとるための努力にいたっては私の世代と比べたら遥かに熱心です。実際，ほとんど信じない方もいらっしゃるでしょうが，勉強にもすごく一生懸命で，講義ノートや演習の解答を全部諳んじる。そういう信じがたい努力をしている学生が少なくないんですね。

昔は「暗記しなくて済むから数学が好き」とよく言われました。今は学生たちは本当に「努力」しています。これは昔と状況がだいぶ違います，そもそも講義の出席状況がすごくいい。私の時代には学生はあまり講義には出ませんでした。なぜかというと，いろんな理由がありますが，私の学部時代は68年，69年という「輝ける時代」でありましたので，講義に出ている時間がないという問題もありましたが，もっと大きな理由は，講義に出てもどうせ分からないと思っていたからでした。先生方も，数学は自分で勉強しなければ分からないとよくおっしゃっていました。

これに深い真理があったと思うのは，今の学生たちがすごくよく勉強しているのに試験を終えて半年も経つとその科目の基本知識すら覚えていない，それくらい理解が脆弱(ぜいじゃく)な学生が少なくないわけです。近年の大学生のこの状況は，私は従来説明されてきた受験勉強の疲労感，合格したときの安堵感，それに由来する日本特有の大学生の不勉強の結果として説明することはできないと感じたのですね。

最近の“恵まれた”大学生の不幸

最近の大学生の多数が大学での数学への理解に成功していないのは，そもそも「数学を理解する」とはどういうことかについての根本的な誤解があるからではないか，「数学が分かる」ということについて生まれてから一度も経験したことがないんじゃないか，そう感じたんですね。分かるために必要な能動的な勉強態度を子どもの頃から経験したことがない。「勉強」とは，この日本語が示唆するように「勉(つと)めて強(し)い」られる受動的なものであると思い込んでいる。長い学校生活の中で，この考え方にすっかり洗脳されている。「すごく熱心に勉強する」と申しましたが，その態度が極めて受動的だということです。典型的には，講義ノートと教科書しか勉強しない。昔は，講義ノートを取ることさえサボって代わりに，立派な先生が書いた本を読んで勉強するというのが標準スタイルだったと思います。反対に，最近の大学教育で非常にまずいと感ずるのは，良い講義や良い教科書に恵まれないと，今の若い学生には救いがないということです。昔から講義がつまらないということはいっぱいありましたが，そういう講義をちゃんとカバーしてくれる立派な本がいっぱいあったわけです。この意味でどんなひどい講義であっても数学を勉強できる，そういう恵まれた時代に生きていたと思います。

ところが今はそうではない。高校までの数学の学習観があまりに頑強に頭に刷り込まれていて，これを克服することがきわめて困難のようです。かなり歪んでいる現代の大学生の数学学習観をいかに克服するかが重要であるのに，その歪みに便乗するかのように，数学の「親切な解説書」が盛んに出版されているようですが，こういう迎合的姿勢だけではだめなんじゃないかと思います。

今の学生に本当に必要なもの

本当に必要なのは，数学の核心的な知識，その理論的な理解，それを自然に体験させるような，いってみれば《簡単な理論書》のようなものじゃないか。厳密にしっかり書かれていたものです。しかし難しい理論書はいっぱいあります。昔の学生は，たとえ分からなくても，そういう本を必死に読んで勉強しましたが，今の若い学生に対してはそういう本格的なものに誘うための，言い換えれば，そういう道を閉ざさないための，《簡単な理論書》を書きたいと思いました。

よく大学で言われるんですが，「現代数学の理論的な理解は一部のエリート学生のためのもので，高等教育が大衆化された現代社会における一般学生は応用のための技術的な知識を反復練習で身に付けさせればそれで十分なのである」という従来の発想を克服し，現代という困難な教育体制の中で育った若者の弱点や悩みを理解した上で，理論的な理解を可能な限り自然に誘う，そういうのを目指したいと考えたわけです。

大学数学の構成

大学数学の理論的な理解を目指す教科書には，２つの傾向がありました。１つは数学を整理・凝縮・洗練された《演繹的な体系として叙述》するという基本スタイルです。

もう１つは，このことの自然な結果として大学初学年，たとえば大学１，２年生が勉強する数学の必須内容でさえ，「線型代数」と「微分積分」という《２つの部分に分離》されていて，両者の間にある重要で面白い関連がほとんど主題から抜け落ちてしまっているということです。

昔は授業で習わなくても書籍を読んで勉強したからいくらでも余分な知識を学生は身に付けることができました。今どきの学生は，講義中心に勉強しますので，線型代数の授業，微分積分の授業，それぞれで講じられたものしか勉強できない。講義にぴったりと“沿った”教科書で指導されると，学生たちの勉強に好都合のようですが，下手をすると，小さな演繹体系の中に閉じ込められてしまう。

演繹的な体系として数学を叙述することは数学的には正当

で，無駄を省いてエレガントにまとめることも数学者にとっては当然の目標でしょう。他方で，演繹的な体系というものは，その体系全体の，というか，個々の記述の背景にある知識がある人にとっては，その凝縮された形がエレガントに映るのですが，全体的な理解，背景的な知識がない人にとっては，演繹的記述の冒頭である定義からして理解できないものではないかと思います。なぜこの定義なのか，その心が分からないんでしょう。この記述スタイル自身が学習者の理解を阻む要因になっている。恥ずかしい話，私自身もそうでした。大学1年生のときにポントリャーギンの『連続群論』※という本の冒頭の群，正規部分群，剰余類群の叙述は，とても簡潔で，理解すべき内容が効率的に述べられている。たとえば，群の定義については，「ある集合Gの中に演算○が定義されていて，演算○について結合法則が成り立ち，単位元が存在し，逆元が存在する，これを満たすものを群という」のような調子で書かれてあるんですが，なんで演算法則の中で結合律だけが出て来るのか，なんで交換律は仮定しなくて良いのか，そんな初歩的なことで私は躓きました。今にして思えば「そんな初歩的なことが分からなければどうしようもない」と思いますが，やっぱり私もそういう学生の1人でありました。逆に言うと，背景となることがちょっと分かれば極めて自然な定義であることが分かります。

「微分積分」と「線型代数」とに分離されているという最近

の大学の数学教育の状況は，理想的でないとしても一種の必要悪です。実際，微分積分も線型代数もそれぞれ理解してからでなくてはならない話題はたくさんありますから，２科目分以上の勉強量，講義量が必要になりますので，教員の負担の軽減を考えれば，２科目に分けて，２人以上の担当者に講義の負担を分割するのは当然のことなんですけれども，これも一種の必要悪に過ぎません。

「数学」の醍醐味

数学という学問は異なるものの間にある，それまでは見えなかった関係を見破ることに数学の醍醐味があるのであって，微分積分と線型代数という，高校では全く違って見えていたものが実はものすごく近くにあるものであった，と分かる感動はぜひ学生に味わってもらいたい，と思います。微積分の対象である関数が線型代数に登場するベクトルの代表例である，というような理解の発展・深化の感動ですね。数学の一番の醍醐味といっていいものが，今の教育の中からストンと抜け落ちているのは凄く残念なことではないかと思います。

こういった大学数学の理論書の伝統的スタイルの限界を打破することを目指しました。当然初学者にとっては，数学においては，論理的証明を通じた（学生の立場では）納得，（教員の立場から見ると）説得が一番の基本的な姿勢なのですが，論理的な証明よりも読者がもっている知識と経験に基づく自然な誘導を目指してみよう。たとえば，コンピュータによる数値計算や描画を利用して，哲学的に言えば経験的に，一般の言葉を使えば直観的，実用的に，絵でみて納得してもらえばそれで十分であるというスタンスです。言い換えると，論理的な証明は，読者がもう少し勉強が先に進んだときにやったらどうですか，という誘いです。あるいは，心で納得してもらったらば，厳密な証明は他の立派な書籍に任せようという趣旨です。そもそも，微積分と線型代数が異なる歴史的背景を持つことは，数学を知っている人には常識なんですが，微積分と線型代数という具合に並列される現代の若者には，おそらくそうではありません。そもそも，近代の発見以降だけでもそれなりに長い歴史をもつ微積分に対して線型代数の方は，遥かに新しい学問なんです。少し大袈裟にいえば，20世紀に入ってからこの形でまとめられたんですね。その前までは「行列と行列式」という古めかしい学問でありました。江戸時代の和算家の仕事の中にも行列式に相当する研究があります。連立１次方程式の解法を起源とするえらく古い話なんですね。それが，線型空間から線型空間への線型写像を中核とする線型代数というエレガントな新しい衣をまとうようになったのはごく最近に入ってからなんですね。

しかし，大学でいきなり線型代数を教えられるときはえらく唐突で，抽象的で，したがって難しいわけです。歴史的な由来が大きく異なる２つの分野である微積分，線型代数の間の関係が自然に納得できるように，両者を密接に関連させるようにまとめて叙述することが大学の数学の理解のためにとても良いことじゃないかと思ったわけです。

とはいえ，それぞれの分野における必須部分を少しでも多くとれば，限られたページ数には収まらないわけでありまして，２分野の統合的，あるいは総合的な叙述のためには，線型代数，微積分，それぞれの必須部分を極端に圧縮しなければなりません。

これは明らかに無理があって，この無理を犯すと，微積分と線型代数，それぞれの講義を担当している大学数学の先生たちから袋叩きにあってしまうと思いましたが，そのリスクは覚悟しようと考えました。

再び『現代数学の入門入門』へ

さて，話の方向を今回の副題である「現代数学の入門入門」へと切り替えましょう。現代数学は大きくは代数，幾何，解析という３分野から成っています。これは20世紀的な枠組みでもう古い。21世紀的とは言えないと思いますが，一応そういうことにしましょう。しかし，いずれにしても，数学科以外の多くの理工系学生にとってはピンと来ない話でしょう。一般の理工系学生にとってはそれぞれの専門を学ぶ上での数学の基礎というと線型代数と微積分になります。両方を視野におきつつ，時間の関係からこの後の話では，微積分の拡がりについて少しですが，より詳しく触れたいと思います。

微分積分「法」か微分積分「学」か

私は微分積分，あるいは微積分について語るとき，敢えて「学」をつけて「微分積分学」とか「微積分学」という名称を用いることがありますが，このようにわざと言ったときには私は advanced calculus“進んだ微積分”を意味することにしています。大学における理論としての微分積分のことです。これに対し，高等学校までの微積分のように計算中心の話は，大学以上でも続く場合もありますが，それは「学」をつけない「微積分」，あるいは「微積分法」，英語では少し狭いかもしれませんが，precalculus，あるいは elementary calculus，と呼ぶことにしています。calculus という語は calculation と同じ語源を持つことから単なる計算ということです。日本では，これは高等学校の範囲ですが，この段階で躓いてしまっている人も残念ながら少なくないのはとても残念です。というのは，このレベルの知識でも，「宇宙は数学の言葉と記号で書かれた書物である」（ガリレオ）という近代科学の思想の革命的意義を理解することができる，と思うからです。

他方，微積分法までマスターした人の圧倒的多数が，このレベルの理解に止まっていて，微積分学の理解に精進することを放棄していることも，同様に残念です。それは微積分学を通して初めて見る世界があるからです。これについてお話する前に，まずより広く現代数学がもつ思想的意味についてお話ししましょう。

「集合と構造」の誕生

20世紀に入って，フランスの大数学者でブルバキと名乗る数学者集団がいたのですが，この人たちが叫んだ「集合と構造」という新しい数学についての思想が，大学数学には大きな影響をもっています。この極めて鮮烈な数理思想につきましてはいずれ別の機会に詳しくお話したいと思いますが，ここでは，そのサワリだけを短くお話しましょう。

「集合と構造」といったとき，皆さんは何を連想するでしょうか。集合というと，２つ丸を書いてその両方の内部を共通部分とか，あるいは，少なくとも一方の内部を合併とか，いわゆるベン図を連想なさる方が多いと思います。そういうのとはかなり趣が違う集合概念の世界が20世紀に生まれます。カントル以前の古典的な素朴集合論と違う，突き抜けて抽象的で一般的な集合論が提起されます。論理的にはヒルベルトの流れを組む公理的集合論が鮮明ですが，数学的インパクトという点では，カントルの点集合論へ流れを組むハウスドルフによる集合論が重要です。このような集合論の上に，ブルバキの哲学が語られると，すごく説得力をもつ20世紀数学をリードする哲学になるわけです。大学の数学の先生たちはみなこの思想にかぶれていますから，多くの先生方が「集合と構造」思想に基づいて，「これこそがホンモノの数学だ」という立場で教えてしまうんですね。それを教えない奴は数学を分かっていないと言わんばかりの勢いです。しかし，多くの学生はハウスドルフの業績はおろか，ブルバキの書物も読んだことがない。実に大きなギャップです。

　私は，数学史を勉強してきたこともあり，実はこのような「集合と構造」にもとづく数理思想ができる以前の現代数学の揺籃(ようらんき)期というべき17世紀から19世紀前半にかけて数学のめくるめく豊かな世界があったことを知っているので，こういう20世紀的な理想主義＝数学的な観念論＝虚無的実在論だけが唯一の数学の目的地ではない，ということを学生諸君にも理解してほしいし，先生方にもブルバキズムとは異なる弾力的な思想がありうることを知ってほしいと思っています。

そもそも，20世紀末から21世紀に入って，皆さんもご存知のように，数学が単なる抽象的な理論であるだけじゃないこともはっきりしてきました。ガリレオやニュートンという古典力学の時代はいうまでもなく，現代においても数学は物理学に最も近い学問です。物理学の最先端である素粒子論や宇宙論は現代数学の言葉をバンバン用いて語られています。数学と物理学とさらにまた新しい結びつきを証明しつつある現代にあっては，数学を20世紀的な理想とはまったく違うものとして語るべきであると思います。

現代数学とは何を指すのか

さて，そういう現代数学ですが，初等数学，あるいは学校数学と言われるものとどこが違うか，その違いについて，次にお話ししたいと思います。といっても，違いはあらゆるところ，あらゆるレベルにあるので，そのすべてを語ろうとは思いませんが，ここではその中でも最も際立っているところをいくつかつまんでお話しましょう。

特に違いが著しいのは，空間の概念ではないかと思います。学校数学では，日常的な言葉の使い方の観点で，空間といえばふつう縦・横・高さの3つの次元をもった，まさに“空間的”な拡がりのことばかり意味しますが，大学の線型代数の立場では次元とは無関係に，２次元の平面も，１次元の直線も空間の一種と考えます。またもっと次元が高い，いわゆる高次元の空間も空間の一種です。さらに，皆さんにもなじみ深い関数を全部集めると，これも一つの空間を作るのですが，これは高次元どころか無限次元の空間になります。

哲学者のカントが「ア・プリオリな直観形式」として，我々が拡がりというものを認識するときの大前提として想定していたのは，現代数学の言葉でいえば，「３次元実ユークリッド空間」という極めて特殊な空間の一つに過ぎず，数学的な空間として遥かに大きな多様性を考えることができる。皆さんの中には，位相空間論を勉強してさっぱり理解できなかった，という経験をお持ちの方がいるでしょうが，現代数学における空間論を理解するのに，ノートや黒板というユークリッド的な世界で図を描くというアプローチが根本的に破綻している，ということを理解しないことが大きな原因だと思います。

ここでは学校数学と現代数学が，違いが最も見えやすい微分積分法と微積分学のアプローチを例にとってもう少し詳しく説明しましょう。

微積分は17世紀に著名な学者たち，ニュートンやライプニッツ，あるいはテイラーやベルヌーイといった大天才たちの貢献によって急速に開花した新しい数学ですが，現代文明はほとんどこの新興数学によって形作られたといってもいい。18世紀以降に大発展する自然科学はこの新興数学なしにはありえなかったといっても過言ではありません。数学は紀元前数千年前以来の長い歴史を持っているんですが，その中で微積分は，ごく近年のものということができます。ただし，数学史に興味がおありの方はアルキメデスという天才が古代ギリシャの時代，ほぼユークリッドと同じ時期に大活躍していたことをご存知かと思いますが，アルキメデスもさまざまな求積問題に取り組んでいました。近世以降，アルキメデスの手法は“究尽法”（method of exhaustion），我が国では取り尽し法と訳されることが多いのですが，誤解を誘発しかねないので敢えて奇妙な訳語を用います）とか“古代人の方法”と呼ばれ，敬遠されるようになります。実際，彼の論法はものすごく難しいんです。今風にいえば，「めちゃくちゃ頭を使う数学」といって良いでしょう。

ところが17世紀にできた微積分はまさにcalculus，つまり計算さえすれば答えが出てくる，そういう意味でとても合理的な数学なんです。ニュートンの時代は代数的記号法を無限にまで拡げて使う微積分の計算法を「普遍的な計算術」という表現で，誰でもが簡単に使える，そしてなんにでもあてはまる簡単で便利な数学ツールとして注目を集める。しかもこのツールの応用範囲がめくるめく広いので一層大きな注目を浴びたわけですね。

しかし，このような初期微積分法には論理的な問題点がたくさんありました。そしてこのような論理的な欠点にも関わらず，微積分法は便利な道具として飛躍的な発展を遂げ，18世紀には解析学という新しい名前を与えられるに至ります。

日本の高校における微積分法の欠点

ところで，日本の高校では，USA と比べると技術的にはかなり高度のことまで微積分法で教えられているのですが，逆説的なことに，かえってそのために，微積分法への思想的なアプローチ，あるいは論理的な基礎への関心が希薄になってしまうのか，日本の高校で微積分法を「マスター」した人には高等学校までの微積分法のどこに欠点があるのか，それがなかなか見えないんですね。

まず１つは，極限の概念が高等学校までの段階では「限りなく近づく」という曖昧な表現で済まされていて，それを論理的に精緻な定式化にもっていく必要があるのですが，その必要性に高校では蓋をしてしまっている。目に入らないようにうまく目隠ししているといって良いでしょう。奇妙に聞こえるでしょうが，ニュートンやライプニッツたちが微積分を作ったときには，極限概念は使っていないんです。彼らは無限小という論理的には少々問題がある怪しげな概念を使って微積分を作りました。極限概念の重要さを最初に指摘したのは18世紀のダランベールでした。といっても，ダランベールの極限概念は，今日我々の目から見るとかなり不十分かつ不適切なものでした。今日的な意味での極限概念とその理論的重要性が分かったのは19世紀に入ってからでした。数学の世界では特に有名なコーシーです。あとで時間があればコーシーの話をもう少しだけ詳しくお話ししますが，コーシーによって発見された極限概念の重要性とは，極限性の概念すらきちんと定式化できれば，微積分のすべての概念は，この極限概念の上に構築できるという大発見でした。今の高等学校の微積分法の記述は，このような現代数学に至る歴史を一応踏まえて極限の概念から始めているんです。しかしながら，困ったことに極限概念が「限りなく近づく」という言い方で済ませてしまい，その問題点を明らかにしていない。

さらに，極限概念を用いて記述される微積分の諸概念，たとえば微分係数とか定積分が，定義が定義として意味をもつかどうか，well-definedであるかどうか，こういったことがまったく証明されていないという問題があります。さらに無限についての議論を構築していく際，その根本となる問題，たとえばそもそも無限とは何か，限りないとは何か，そのような無限に関わる議論の立脚点，数学ではそれを定義とか公理といいますが，そういった根本がはっきりしていない。基礎がないところではあらゆる議論が論理的には一切力を持たないのです。

高等学校の微積分法は理工系エンジニアとして活躍する数学のユーザになる人々のための基本的な準備をする，というような教育的配慮に基づいて設計されているので，このような理論的な問題が標準的な教科書では隠されている。これが高校までの微積分法の致命的な欠点なんですね。極限概念が曖昧であるために何が証明できないかというとたとえば“挟み討ちの原理”*と呼ばれる次の性質です。

“すべての n に対して

$a_n < x_n < b_n$ かつ

$\lim_{n\to\infty} a_n = \lim_{n\to\infty} b_n = l$ ならば

$$\lim_{n\to\infty} x_n = l$$ ”

これは高校生にも知られた有名な定理です。受験問題を解く際にもよく使われるので，高校生の間でもよく知られているものです。これは，本来は定理ですが，「挟み討ちの原理」というように，誤魔化される。定理を定理として確立するためには証明をしなくてはいけません。でも高校レベルでは証明のしようがないんですね。極限の定義がないからです。

あるいは，微積分学の本に必ず載っている例ですが，数列 $\{a_n\}$ が定数 α に収束するとき数列 a_n の初項から第 n 項まで

＊私はわざわざこの字を書きます。

の相加平均も α に収束する，という定理，つまり

$$\lim_{n\to\infty} a_n = \alpha \text{ のとき } \lim_{n\to\infty}\frac{1}{n}\sum_{k=1}^{n} a_k = \alpha$$

は誰もが成り立つに違いないと思うのではないでしょうか。a_n が先に行けば行くほど α に近づいていくならば，最初のうちはどうか分からないけれども，a_{100} とか a_{1000} とか a_{10000} とか，ずっと先のほうまで考えれば，そこまでの平均は α に接近していくというごく常識的な主張ですが，これもどうやって証明すれば良いか，分かりません。

さらに，多くの偽定理もあります。極限に関しては偽定理がいくらでもあるんです。数学の歴史は，裏から見れば偽定理の歴史といってもいいくらいです。歴史上の数学者の中には多くが偽定理を「証明」したことで有名な人もいっぱいいるくらいです。さっきお話した微積分の現代化に大貢献をしたコーシーにも，偽定理がいっぱいあります。それは基礎概念のきちんとした定式化がなされていなかったために，自分自身が構想していた数理世界と，表現された数理世界の間に乖離（かいり）があるからなんですね。

学校で教える微積分法には，さらに身近な基本的なところでも論理的に明白な問題点がありまして，典型的なのは極限値と連続性についての関係です。たとえば，微分係数の定義です。

$$f'(a) = \lim_{x\to a}\frac{f(x)-f(a)}{x-a}$$

これは高校２年生の微積分で出てくる話題ですが，この右辺はどうやって計算するかというと，具体的な関数の場合には，分母と分子をまず $(x-a)$ で約分するわけですね。約分した後の式を $g(x)$ と書き直して，したがって，求める極限は $g(x)$ の極限と同じであり，それゆえ $g(a)$ であるとして計算するのが一般的なんですね。他方，最後の関係 $\lim_{x \to a} g(x) = g(a)$ がなぜ成り立つか，この等式が合理化されるのは関数 $g(x)$ が $x=a$ で連続である場合であるが，一方 $g(x)$ が $x=a$，連続であることはこの等式が成り立つことですから，ここに論理循環があるわけです。

高等学校における微積分の致命的な欠点は早くも冒頭の微分の定義に現れているわけですね。これは論理を標榜する数学としては甚だ具合が悪い。この極限概念を定義することなしにはどうしようもないということです。高校数学では lim という数学記号を使った計算術を教えているだけで，極限概念について理論的な扱いがない，ということが高校生には理解されていない。

多くの初学者は，$0.9999999\cdots=1$，ここで左辺では小数点以下に９が無限に続くという問題で躓くみたいですね。両辺を３で割った関係，$0.3333333\cdots=\frac{1}{3}$ は納得できるのに，最初のは成り立たないのではないか，たとえ９が無限に続いても左辺の方がちょっとだけ小さいんじゃないか，そういうふうに思うようです。

そういう感覚は多くの初学者に共有されているわけですね。ここで，左辺では9が《無限》に続くということがすごく大事なことであって，たとえどんなに多くても9が有限個であったならばこの等号は成立するはずもありません。我々は9をたった4個くらい書いて，その後すぐに，…で誤魔化すから「無限に」続くことの深遠さに畏怖(いふ)の念を持たないのではないでしょうか。

ちなみに，A4，1ページの印刷用紙に9をふつうの大きさでびっしり書くといくつくらい書けるか皆さんご存知ですか？

私は1回やったことがあるんですが，せいぜい1000個か2000個しか書けないんです！　ですから，《無限》に書くというのはとんでもなく絶望的なことなんです。

この問題を巡ってとりあえず健全な理解としては左辺を等比数列の和 $\sum_{k=1}^{\infty}\dfrac{9}{10^k}$ として定式化し，それを $\lim_{n\to\infty}\left(1-\dfrac{1}{10^n}\right)$ と書き直し，「nを∞に飛ばしたときに $\dfrac{1}{10^n}$ が0に行く」ので，この極限値は1である。と，こういうふうに理解するのが高校生レベルの標準的＝模範的な理解でしょう。とりあえずそれでいいんだと思います。

しかしながら本当のことを言うと，nを無限大に飛ばすというのはどういうことか，私達は神様ではないわけですから，勝手に神に代わって無限について知った振りして語るというのは不遜なわけですね。やはり，思慮深い慎重さが必要です。いくらでも繰り返し反復できることをもって無限を捉えた気分になるというのは，人間の無限に対する最も基本的なアプローチでありましょう。1，2，3，4，…，n，$n+1$，…という自然数の無限が基本的ですが，1÷3も「$\frac{10}{3}=3+\frac{1}{3}$」という元に戻る計算を繰り返すことで，$\frac{1}{3}=0.333333\cdots$，こうやって3が無限に続くという事態を子供たちは，自然に受け容れれば理解するんだと思います。

残された時間の制限から今日あとのほうでお話ししようと思っていたことができそうもないので，今お話ししたいんですが，実は無限小数という数の表現が発明されたのは驚くほどごく最近のことなんです。そして，これが実に革命的でした。実際，無限小数が発明されてから微分積分ができるまで，ほとんど時間はかかっていないんです。

小学校では，今，小数と分数をどういう順番で教えるかは私は知らないのですが，数学史的には分数の方がはるかに古いんですね。分数は比という形ならギリシャ時代から緻密な議論がありました。比とか相似のような考え方は他の古代文化圏にもありました。しかし無限小数という考え方が体系的に登場してきたのは近代ヨーロッパにおいてでありました。この無限小数というアイディアの原型を作ったのはイスラムの世界の数学者達です。数学史の本にはイスラムの代数学がヨーロッパに影響を与えたということがよく書かれていますが，代数学と並んで，あるいはそれ以上に大事なのは十進位取り記数法なんです。近代ヨーロッパ社会で十進位取り記数法で，いわゆる整数だけではなくて小数部分まで表現するようになったということが画期的なんですね。

数の名称については，我国を含め，中国文化圏では昔から十進を基にしたものが使われていました。一，十，百，千，…，反対に小さい方は割，厘，毛，…ですね。

ローマ数字も十進法を基本とした体系ですが，1より小さい小数が必要になるときは，時計算と同じように六十進法を使っていたわけです。整数の単位が度でした。度の下の位は分，分の下の位は秒なんです。秒を second というのは，2番目の小数位であることに由来しています。十進と六十進を交ぜて使っていたなんて，なんと馬鹿馬鹿しいと思う方には，現代の私達もそういう「愚かさ」の中にいることを指摘しておきましょう。陸上競技などの記録では2分35秒85などと言いますね。分と秒は六十進なのに，秒の下は十進小数です！　時計算は面倒ですが，1日の $\frac{1}{2}$，$\frac{1}{3}$，$\frac{1}{4}$，…などを簡単に言えるという点だけで見ると合理的です。整数では十進法を使いながら，小数では六十進法が使われてきたのは，そのためでしょう。

現代の私たちはたとえば100m走の記録で時間で100m走で9秒60，すなわち9.60秒などと言いますが，昔だったら60進法ですから，9.36秒となります。六十進小数だと，$\frac{1}{2}$，$\frac{1}{3}$，$\frac{1}{4}$，$\frac{1}{5}$，$\frac{1}{6}$，$\frac{1}{10}$，$\frac{1}{12}$，$\frac{1}{15}$，$\frac{1}{30}$，$\frac{1}{60}$の整数倍が簡単な整数によって表されます*。先ほどのところは，$\frac{60}{100}=3\times\frac{1}{5}$という場合です。

そのように，60の約数が分母にきたときだけ好都合という方法では，数の取り扱いに体系性がありません。加法はともかく，乗法はやたらに面倒ですから，このような方法を使っていた時代には無限小数のような発想にはなかなかいけなかったのでしょうね。十進位取り記数法で小数を表現するようになった途端《無限》が人間にとって畏怖の念の対象でなくなったように思います。確かに，身近な分数$\frac{1}{3}$や$\frac{1}{6}$あるいは，$\frac{1}{7}$を表そうとすると，すぐに無限が登場するからです。

このような無限への飛翔，これこそは近代の革命だと思いますが，このような危ないジャンプを敢えて自らに封じて，あく

---

* $\frac{1}{2}=0.3$，$\frac{1}{3}=0.2$，$\frac{1}{4}=0.15$，$\frac{1}{5}=0.12$，$\frac{1}{6}=0.1$，$\frac{1}{10}=0.06$，$\frac{1}{12}=0.05$，$\frac{1}{15}=0.04$，$\frac{1}{30}=0.02$，$\frac{1}{60}=0.01$という具合である。

までも有限にとどまって精密な議論を論理的に組み立てるべきである，これが現代数学の立場なのです。次にこれをご紹介しましょう。

そのために，最も基本的な極限値の関係，$\lim_{n \to \infty} a_n = l$ とはどういうことか，これについて考えてみましょう。数列 $\{a_n\}$ が極限値 l に収束するとはどういうことか，ということです。

これを精密な言葉に置き換える候補として最初に考えられるのは，

数列 $\{a_1, a_2, a_3 \cdots\}$ において，第 n 項と極限値 l との誤差が n を大きくして行きさえすればいくらでも小さくなる

でしょう。ここで「大きくして行きさえすれば」と「いくらでも小さくなる」という言い回しが大事なところです。高校微積分ではこの部分を「n を限りなく大きくすると，a_n が限りなく l に近づく」のように「限りなく」という語をキー・ワードに使うのですが，ここでは「限りなく」という表現を敢えて避けて，「n を大きくして行きさえすれば a_n と l との誤差がいくらでも小さくなる」と言い換えているわけです。

これがどういうことか，理解していただくために，具体例で説明しましょう。小数点のあとに9が n 個続く $0.99999\cdots9 = 1 - \frac{1}{10^n}$ と1との誤差は $\frac{1}{10^n}$ ですが，これは「n を大きくとりさえすればどんな値よりも小さくなる」と言えば納得していた

だけるでしょう。実際，たとえば，nを10^2より大にとるならば，

$\frac{1}{10^{10^2}}=\frac{1}{10^{100}}=0.000001$，小数点の後に0が99個続く，そういう微小な数よりもさらに小さくなる。誤差である$\frac{1}{10^n}$をもっと小さくしたければnをもっと大きくしさえすれば良いんですね。

さらに，「いくらでも小さくなる」とは，どんな小さな値が指定されても，それよりもさらに小さくなるということですから，これを踏まえて上の表現を書き換えると，「どんな小さな誤差の限界を指定されても，項数nをある程度以上大きな範囲にとりさえすれば，a_nと極限値lの差はその限界よりも小さくなる。」となります。

一般的な表現から数学の精密な表現へと少しずつ置き換えつつあるんですが，ここで誤差という用語は差と同じなんですが，敢えて「誤差の限界」をキー・ワードとしています。

誤差は英語ではerrorと言いますが，その限界を表す文字として慣習的にεを使います。εは，短い［エ］を表すギリシャ文字*で，日本では英語風に［イプシロン］と発音する人が多いですが，ギリシャ語風に発音すれば［エプシロン］でしょう。この文字を利用して上の表現を書き換えると，「どんなに

*長い［エー］はη［エータ］という文字で表される。

小さな正の数εを指定されても，項数nをある程度以上大きくとりさえすれば，lと数列の第n項a_nとの差がεよりも小さくなる」ということです。

今まで「項数nをある程度以上大きくとりさえすれば」と何回も言ってきたんですが，これはどういうふうに言い換えることができるかといいますと，「nをある大きな数以上にとりさえすれば」ということになるでしょう。そこで，この「大きな数」をN_0と表すことにすると，これまでに繰り返してきた言い換えは，「どんな小さな正の数εが与えられても，それに応じて十分大きな数N_0を選ぶと，このN_0より大きなどんな数nについても，a_nと極限値lとの誤差がεよりも小さくなる」ということになります。ちょっとずつ言い換えてこうなりました。

ここまでくると現代数学の例のフレーズとほとんど変わりませんね。「お待たせしました！」という感じです。

このような定義が得られると，これまで当たり前過ぎて証明のとっかかりさえなかったような「あまりに基本的で自明な」命題に対して証明を与えることができるようになります。たとえば，

$$\lim_{n \to \infty} \frac{1}{n} = 0$$

です。これは，微積分法が理解できていると思い込んでいる高

校生には当たり前過ぎて証明のしようがない，という感じでしょう。

しかし，証明は簡単です。どんな小さな正の数εをとってきてもいい，εの値が小さいので，その逆数$\frac{1}{\varepsilon}$は巨大な数になるけれども，いくら巨大でも所詮有限な値ですからその$\frac{1}{\varepsilon}$よりも大きな整数N_0をとることができます。この限界N_0より大きな任意の整数nに対しては，$\frac{1}{n}$が$\frac{1}{N_0}$より小さく，したがってεより小である，すなわち，どんな小さな誤差の限界εが与えられたとしてもそれに応じてnを十分大きくしてやりさえすれば$\frac{1}{n}$と0の誤差がεより小さい，すなわち，$\lim_{n\to\infty}\frac{1}{n}=0$ということです。

このように，高校生でも十分分かることを大学でわざわざ証明する，その必要性や根拠が分かると，決して不自然な話ではない。そのことを理解したなら，高尚な現代数学といえども，厳密性ばかりを追求する偏屈で抽象的な純粋学問ではなく，神ならぬ人が《無限》について人の身をわきまえて語ろうとしているという姿が見えてくることでしょう。

ここでどんなに巨大な数$\frac{1}{\varepsilon}$に対してもそれより大きな自然数N_0が存在するということ，これはより一般に言い換えると，どんな小さな正の数εに対しても自然数nを大きくとれば，$n\times\varepsilon$がN_0より大きくなるということになります。

「塵も積もれば山となる」という教えが日本にはありますが，「塵」がものすごく小さかったら，どんなに集めても「山」にならないのではないか，と私たちは考えがちです。いくら何でも「塵」だけで「山」ができるはずがない，と。

国政選挙に行くときの庶民の気持ちはそれに近いでしょう。しかし，上の主張はどんなに小さい「塵」でも十分たくさん集めれば，どんなに大きな「山」をも越えるということを主張しています。

数についてのこの性質は極限値を論ずるうえで最も重要なもので，すでに古代ギリシャでこの性質が重視されていきました。皆さんがよくご存知のユークリッドの『原論』にもこの議論が出てきていますし，先ほども紹介したアルキメデスの求積問題の証明にはこの性質がふんだんに使われています。近世では一時期この重要性に対する理解が希薄になり，「無限小」という考えが大きな役割を果たしますが，現代では再びこの性質の重要性が認識され，今日，「アルキメデスの公理」という名前で呼ばれています。

一方，今まで数列についてお話してきましたが，その関数$f(x)$に関してもxを無限大に飛ばしたときに関数$f(x)$がある有限確定値lに収束するという話題は数列a_nの極限をほとんど同様にして定式化することができます。$x \to \infty$と$n \to \infty$は似たようなものなわけです。そもそも数列は自然数を変数とする関数なんですからこれは当然の話です。

しかしながら，関数に関してはもう一つ大事な話があります。それは変数xがある有限確定値aに限りなく近づく（特に，$a=0$の場合が実用上大切です）ときの極限値を考える必要があるということです。たとえば，微分係数の定義のときにはこれが必須ですね。$f'(a)$を定義するときは「xが限りなくaに近づく」ということを論理的に定式化しなければならないわけです。「xがaに近づく」というとき，近づき方はたとえば数直線のときは右から近づくか，左から近づくか，xが数直線上を連続的に動く場合はその２種類ですが，２次元の平面で動点Xが定点Aに近づくというときにはいろんな近づき方がありますね。３次元だともっといろいろですから，方向の違いなど気にせず，どの近づき方でも「限りなく近づく」とはどういうことか，それを定式化するためには，「変数xとaの〈距離〉が小さくなりさえすれば」，といえればよいですね。

ところで，xがaに限りなく近づくというとき，xはaと一致しないという条件がないといけませんから，その条件は必須でありますがその条件まで含めて考えると，「変数xとaの距離が小さくなるようにとりさえすれば」というのはxとaとの距離 distance があらかじめ指定された距離の限界内に入りさえすれば，ということになります。距離の限界を表す文字として δ を使うのが数学の慣習であります。δ は d に相当するギリシャ文字デルタです。

すると，$\lim_{x \to a} f(x)=l$ であるとは，どんなに小さな正の数 ε が与えられても，それに応じて，十分小さな正の数 δ を選べば $0<|x-a|<\delta$，すなわち，a の距離が δ より小さい，a と異なるどんな x に対しても，$f(x)$ と l との誤差が ε より小さくなる，つまり，$|f(x)-l|<\varepsilon$ ということです。こういうふうに定式化することができます。

これが，初学者には「わけの分からない」と評判の悪い ε-δ 論法です。ここで ε や δ というあまり見慣れないギリシャ文字を使うのは数学の文化的な習慣でありまして，error と dis－tance の頭文字に過ぎませんから，ラテン文字にすれば「ed 論法」となって少し親しみやすくなるでしょうか。ギリシャ文字に難しさがあるわけでは全くありません。ε と δ はそれぞれ誤差，距離の限界を表していることがポイントです。

実は，ε-δ 論法というのは，ε と δ という 2 人の登場人物の間に交わされる弁証法，あるいは対話術と考えると分かりやすいと思います。最初の発話者が ε というある小さな限界，たとえば，0.1と言います。これを受けて対話相手は，ε に応じてたとえば0.2などと距離の限界 δ として言います。ε がもっと小さな0.01と言うと，δは0.001などと言う，そういうふうな対話がεとδの間に交わされる風景を頭に浮かべてはどうでしょう。δはεに対していわば《後出しジャンケン》で対抗していることがポイントで，εの値を提示してもらえれば，それに応じて都合の良い小さい値を応える，そういう感じで応答を繰り返すわけです。δの返答をみて誤差の限界εはさらにまた小さく指定することができますから，この対話はいくらでも長く続けることができます。ここに「無限」という用語を避けながらこっそりと限り無く対話が繰り返される可能性として「無限」が巧妙に表現されています。こういうふうにしてxが限りなくaに近づくと$f(x)$がlに限りなく近づく，という無限の運動過程が有限の言葉で，正確には一見有限の言葉でというべきかもしれませんが——，表現されるわけです。でも一見有限の言葉で，とは申すものの，「任意の正の数εに対して」，というところで言い換えれば，いくらでも小さい数εがとれる，と主張するところで無限が表面立っては回避されながら，実質的に同じ効果をもつものが巧妙に表現されているんですね。

さらに，現代数学では述語論理 predicate logic という19世紀に始まる新しい論理学を利用します。かつてカントは論理学はアリストテレス以降少しも進歩していない，と言ったんですが，カントがそう言った直後に新しい論理学が生まれました。それが数学的な論理，mathematical logic として成長するのですが，その中で特に大事なのが述語論理と呼ばれるものです。アリストテレスの論理学では全称命題，特称命題と単に分類されていただけですが，記号化を通じて，命題の内部構造をより精密に表現することができるようになりました。ほんのサワリだけを解説いたしますと，「どんな…に対しても」を，A を逆転した∀という記号で表し，「選ぶと」とか「選べば」を E を逆さまにした∃という記号で表します。そうすると今まで述べてきた「数列 $\{a_n\}$ の項が l に近づく」，「$f(x)$ が l に限りなく近づく」，といったものはそれぞれこの簡単な記号を使って簡潔に表現されるわけです。いままでは１つ１ページの中で何行も使って表してきたことをたった１行で簡略に書けますから，すごく便利な記号なんですが，当然のことながら新しい記号を使いこなすためには練習が不可欠です。したがって，多くの不勉強な学生がここで躓くのはごく自然なことです。大学の先生たちは自分たちはマスターしていますから，このような，単なる記号法に難しさがあると思っていない。確かに，そもそもこれは難しくないんです，本当は。本当は難しくないんですが，その簡潔な記号法のありがたさが分かる前に，天下り的にこの記号法を教え込まれても，なかなか分からない。ギリシャ文字 ε，δ だけでも違和感があるのに，∀，∃という述語論理の記号は，初学者の目にあまりに唐突，斬新であるからです。

さらに E が逆さまの論理記号∃，これを私はこれまで「選ぶ」という言葉で表現してきましたが，論理学的には，「存在する」というべきです。“exist”の頭文字に由来しているわけですね。

「存在する」ことがここで重要であって，人が見つけて「選べる」かどうかは，論理的には大事ではない，ここが大事な点です。さっき私は「どんな小さい ε に対しても適当な δ を選べば」と言いましたが，人がそういう δ を「選べる」とは限りません。「選ぶ」ことができるのは「存在する」からでありますが，「存在する」ために人間が「選ぶ」ことができる必要はない，ここがちょっと分かりづらいかもしれません。

ε-δ 論法は初学者には最初は奇異に映るでしょうけれども，慣れていないために難しいのは述語論理とその記号に過ぎないので，本当は慣れさえすれば何でもない。しかし，慣れるためには，後で述べるように，一番大事なことは独学とか自習と呼ばれるものが必須なんだと思うんですね。それが今の若い諸君から《奪われている》という問題が深刻です。

ところで，このように ε-δ 論法は所詮はそういうものに過ぎないという話をしたのですが，学生諸君の間ではそう思われていないことが案外多いようです。しかし，これは教える側にもおそらく問題があるんだと私は思います。数学教員の側に問題がある，ということです。Courant，Robbins による『What Is

Mathematics?』（数学とはなにか）という本があります。Courantは大変に著名な数学者です。最新版はStewartという著名な数学ライターも著者陣に加わっていて，翻訳も少し前までは出ていました。その一節に，

"There is an unfortunate almost snobbish attitude on the part of some writers of textbooks, who present the reader with this definition without a through preparation as though as explanation were beneath the dignity for a mathematician."

とあります。

「教科書の何人かの著者の側にほとんど俗物根性といってもいいようななんとも情けない態度があって，ε-δ論法を読者に十分な準備をすることなしに与えてしまうような教科書の著者がいる。分かりやすく説明してしまったら数学者の沽券にかかわる，といわんばかりに。」

こういう言葉が載っているんですが，我国においてもまさに似た状況があって，教科書の著者たちの中の何とも情けない俗物的態度の犠牲になっている可能性がある。こういう数学者の態度が数学を必要以上に難しく見せている可能性があるのではないか？

現代数学に高尚さや崇高さを感じていただけるのは数学に携わるものにとってはたいへんありがたいことで，「数学者は所詮くだらないのね！」って言われるよりは，「数学者って偉いのね！」って言ってもらった方がそれは快適なわけです。しかし，そのために現代数学の理解がここで止まるのは余りにももったいない。ε-δ 論法というのは現代数学が獲得した単なる１つの論法ないし，表記方法であって，それだけで数学の広大な世界のすべてが語れるわけでは決してないからです。

このように申し上げるのは，このような議論の組み立て方法が論理を精緻化することで真に奥深くに秘められていた深遠な数理世界を開拓する道具が19世紀中葉以降整えられ，現代数学の研究の方法として成熟したためであって，単なる論理的な厳密性のためではないんです。ε-δ 論法を使わなかったら解明できないような数理世界があることが重要であって，数学的にはその記号法によってしか精密に区別することが容易にできない，表面上は些細，しかし論理的には全く異なる精妙な概念的区別を ε-δ 論法を応用すると簡単に誰でもできる。このことがゆえに，ε-δ は現代解析にとって必要不可欠なんですが，残念ながら大学入学直後の初学者にはその必要性が見えない。少なくともいわゆる１年次後半あるいは２年次にフーリエ級数を勉強するまでは，ε-δ 論法を使わないといけない必然性がないと言っても良いくらいです。フーリエ級数は，現状については不確かですが，東大の場合ならば3年生になって初めてやるので，２年生までは全く出てこない。２年生までの数学の知識の中で ε-δ 論法をやって何がうれしいか，厳密になったということで喜ぶ人がいても結構ですが，それだけでは本当にうれしいという気持ちにはなれない。喜びが後向き，という気がするからでしょう。心からすばらしいメリットが享受できない，ということは問題があると思います。初学者がここで躓くのはある意味で当然である。それはつまらないからである――。このことが実は大学教員の間にきちんと共有されていなければいけないと私は思うんです。

極限値についての議論の組み立てがある，それ以上に重要なのは極限の存在を保証する数の世界，結論からすると実数の集合という，平凡に見えながら実に手強い対象を定義し，構築する，というより巨大な難問が大学の数学の最重要課題としてあるのですが，高校以下ではこの問題には一切触れられていないんですね。なぜ触れられていないのかというと，少しでも触れたら大火傷を負ってしまうというか，高校以下の数学教材がすべてパーッになってしまう大問題を抱えているんです。さっき触れた無限小数の話で，これからお話する数直線，つまり微積分法が発見された時代には，そしてこの時代の精神を体現している高校微積分の範囲では実数は直線連続体と言われる数直線と同一視されています。

話は少し脱線しますが，世の中には「虚数は存在しない」,「そんなものを考える数学者は頭の出来が違う」という人がいるんです。本当は「頭が狂っている」と言いたいんだと思いますが，角を立てないように「頭の出来が違う」と曖昧にしているのでしょうね。

しかしながら，実数の存在を認めるなら，虚数も堂々と存在すると認めるべきです。論理的には，虚数以前に考えられている実数のほうがよっぽどあやしいという言い方もありうると思います。しかし，数直線という概念で直線上の点と実数を同一視する近代数学の立場では，実数の理論的な難しさは表面に現われないんですね。しかし大きさをもたない点が連続的に一列に並んで直線を作っているという直線連続体の素朴なイメージは，現代では小学生にさえ「自明」かもしれませんが，論理的に定式化されていない，いわゆる「直観」であり，こういう素朴なイメージをもとに実数についての論理的な議論を展開することは不可能です。現代の数学では実数を定義することを通じてこの問題をクリアしますが，この定義は初学者にはかなりややこしいものです。

そもそも，現代数学では，実数のイメージとして共有されてきた直線の概念もせいぜい２点を結ぶ最短経路として語られる程度*ですから，長さ（計量）や実数の基礎づけとしては，到底使えないわけです。

したがってそのような素朴なイメージに基づかず実数を定義するにはどうしたら良いかということです。

そもそも「有理数列が実数に収束する」というと難しそうですね。さっきお話したように，無限小数という数の表現方法は現代では小学生ですら知っています。数学的に厳密に定式化するにはどうしたらいいか。たとえば $\frac{1}{3}=0.3333\cdots$ はちゃんと書けば無限等比級数です。皆さんよくご存知のように，$\sqrt{2}=1.41421356\cdots$ ですが，この無限小数は無限級数，$1+\frac{4}{10}+\frac{1}{10^2}+\frac{4}{10^3}+\frac{2}{10^4}+\cdots$ であり，有理数列 $\{1, 1.4, 1.41, 1.414, 1.4142, \cdots\}$ の極限なんですね。

極限値 l が分かっていれば，数列 $\{a_n\}$ が l に収束することはきちっと定義することができました。しかし，極限値 l が分かっていないときにはそもそも極限値が存在するかどうかさえ分かりません。実際，もし世界に有理数しか存在しないとしたら，先ほど考えた2乗して2以下であるような十進小数で表される単調増加する数列 $\{1, 1.4, 1.41, 1.414, 1.4142, \cdots\}$ の極限値は存在しないわけです。他方，ずっと続いた無限小数

＊ヒルベルトの『幾何学の基礎』の立場なら，意味を持たない無定義語でしかない。

があると，それは何らかのある値を表しているんだと思いませんか？　こういう小学生も含め誰もが抱いているこの無限小数に対する信頼感は，微積分法草創期の大数学者たちもみんなそうだったと思います。この健全な信頼感にいかなる論理的な根拠があるのか，その根拠の核心をたどってみましょう。

数列が，$0.a_0a_1a_2a_3a_4a_5a_6a_7a_8a_9a_{10}a_{11}\cdots$という無限小数があったとして，途中，で小数第$n$位で打ち切った有限小数を$\beta_n$とすると，数列$\{\beta_n\}$の隣り合う各項の差は$\frac{1}{10}$より小，$\frac{1}{100}$より小，$\frac{1}{1000}$より小，…とどんどん小さくなってきますね。「隣り合う項の差」と言いましたが，第n項β_nと第$n+k$項β_{n+k}の差も$\frac{1}{10^n}$より小さいはずです。（小数第n位までは一致しているのですから！）もちろん$0<n<n+k$とします。このように先に進めば進むほどそれよりさらに先にあるものとの差も小さくなっていく。これが「無限小数は収束する」という素朴な感覚を支えているものなのでしょう。このような無限小数の「第n位打ち切り」で作られる有理数列のもつ性質を一般化すると，数列$\{a_n\}$において任意に指定された誤差の限界εに対し，N_0という大きな整数を決め，それよりもさらに大きい数m，nをとってくると，第m項と第n項との差がεより小，

$$\forall \varepsilon>0,\ \exists N_0,\ \forall n \geqq N_0,\ \forall m \geqq N_0,\ \left|a_n - a_m\right| < \varepsilon$$

今日，この性質をコーシー条件と呼び，微積分学の基本中の基本になっています。単に言葉の表現上だけ見ると，いかにも難しそうですが，無限小数表現で，第 n 位で打ち切ったもの，第 m 位で打ち切ったものの差を考えれば，ごく自然なものであると納得できるでしょう。技術的な煩雑さに負けることなく，数学的な気持ちを理解してください。

こういう性質をもつ有理数列でもって実数を定義すると，数直線という怪しげな概念に甘えずにすみます。しかも，コーシー条件を満足する有理数列（実は実数列も）は，実数の極限値をもつことが証明できます。しかしながらここに問題としてややこしい話があって，実数を有理コーシー列と定義してしまうと実数とコーシー列が１：１に対応するわけではない，という深刻な問題が生じるわけです。

十進小数の場合も，1.0000と0.9999，これらは表現は違っても全く同じものです。コーシー列があると実数は決まるんですが，異なるコーシー列でも同じ実数が定義できるはずだということなんですね。たとえば，数列 $\{a_n\}$ がある極限値 a に収束するときに，この数列の最初の数項を省いた数列とか，初項の前に１をいくつかつけ加えた数列とか元の数列の奇数番目の項だけとって作る数列とか，これらは数列としては異なるのですが，それでも極限値は同じになるはずですね。有理数のコーシー列で実数を定義する際に気を付けなければならないことは，同じ実数を定義する（いわば同じ極限値をもつ）数列どうしは区別せずに同一視する，というステップが重要になります。「区別せずに」という面白いというか分かりにくい点で，違うものなのに敢えて同一視する，という手法は現代数学のあらゆる場面に登場するといって良いくらい大切な手法でありますが，同時に，初学者にも最も理解しづらい方法の１つであります。

高等学校のレベルでは，異なるものを同一視するという手法が必要な場面は必ずしも多くはありません。これが，大学生になって現代数学に躓く人が多いことの原因の１つかもしれません。

高校以下の範囲で敢えて具体例を挙げるとすれば，最も典型的なものはベクトルでしょう。「平行移動して互いに重ねられる有向線分はベクトルとしては等しい」と言います。「異なる有向線分が等しい」ということは矛盾しているようですが，平行移動して重ね合わされる有向線分全体で作られる集合（類あるいは同値類と呼びます）をベクトルと呼ぶ，という具合に現代数学の言葉に接近させれば矛盾しなくなります。一般に，同値関係による類別という手法は現代数学で最もよく使われる，とても大切なものです。

多くの大学の数学科の新入生にとってこの手法が悩みの種になりますが，この話題にこれ以上入るには技術的な話が中心になってしまうので，今回は残念ながら入りません。

以上，私は大急ぎで現代数学の方法について紹介してきたんですが，あとは皆さんご自身で楽しい数学の勉強に励んでいただきたいと思います。

数学を楽しむ秘訣

講演の最後に「数学を楽しむ秘訣」についてお話ししたいと思います。「秘訣」はなんといっても「学習の苦しさ」と「理解の喜び」を自ら体験するということですね。決して学習は楽なことではない，「数学は楽しい」「数が苦，ではなく数楽」という人もいるようですが，学習というのは本来そんなに気楽に進むものではなく，つらいことがすごく多いと思うんですね。その苦しさがあるからこそ，理解の喜びが何倍にもなるわけです。

最近の若い人たちが気の毒に見えることは，昔の我々の頃と違ってすごく「親切」で「講義が上手い」先生に習っていることです。私が若い頃は，大学の先生はすごい勢いで証明を板書しながら黒板に向かって小さな声でしゃべる，というのが標準スタイルでした。授業だけではなんにも分からないというのが当たり前でした。今は，大学でも先生が学生に向かって話しかけるように講義する，そういう講義のうまい，悪くいえば，馴れ馴れしい，まるで塾の講師のようなタイプの人が増えています。大学ですらそうですから，高校や中学ではなおさらです。

けっこう多いんですね。私もその先駆けの１人かもしれませんが，しかしそういう「上手」な講義には重大な落とし穴があると思います。それは，授業を聴いて分かった気分になるだけでは数学はだめで，やはり数学では自分で考え続ける苦しさを体験することがとても大事だと思います。

私はこの歳になるまで10代のころから，したがって半世紀以上にわたって，数学教育に携わってきました。初めは親しい友達に数学を教えていたんです。この歳になってすごくありがたいと思うことは，数学を理解したときの感動の思い出を感謝の気持ちとして何十年も覚えていてくれる。これはまさに「教師冥利に尽きる」ということですが，それだけ数学の学習には，誤解が多く蔓延(はびこ)っていて，その誤解を克服して本当に分かったときの喜びは大きいんですね。教えてもらうのではなく，自分で分かろうという努力を怠らない，それがまず１つ。

もう１つは，数学の勉強の苦しさと喜びに付き添ってくれるよき師，よき友，そして理解者をもつことです。私が数学をやっているのは小学校１年生から４年生のときに素晴らしい担任の先生に習ったからです。その先生は信州大学の教育学部を卒業したばかりの若い先生でしたが，私たち子どもたちを本当にかわいがって理想主義的に教育してくれたんですね。昔は分かりませんでしたが，今になってみると本当の勉強とは何か，分かるとはどういうことかを教えてくれたように思うんです。

私は思うんですというふうに申し上げたのは，私の先生は通信簿も出さず，試験もしない，宿題も出さない，そういう先生で，親たちが文句をいうと「勉強は私に任せてください，お母さんたちはお子さんたちの健康を管理してください」，そう言い放ったそうです。そして，私が小学校４年生の終わりのときにはとうとう首になってしまった。そういう自分の首をかけて教えてくれた先生に恵まれました。本当にありがたいことです。その後私は横浜の小学校に転校して数学で落ちこぼれるという経験をするんですが，その落ちこぼれた私がすぐ勉強に追いついたのでその転校していった都会の学校の先生は，こいつは信州大学の先生のところではさぞかし成績が優秀だったんだろうと思ったそうなんですが，届いて見てみたら親にも見せられないくらい悲惨な成績票だったという話なんで，それだけかわいがってくれた先生でも成績は客観的につけてくれた。でもそういう素晴らしい先生に出会うことができました。

そして私は本当によい友達に恵まれました。友達がいなかったならば今の私はなかったと思います。とりわけ私は大学で出会った友というのは，とくに先輩，私を哲学の道にいざなってくれたのはまさに大学のときのゼミで一緒になった文学部の哲学者だった。こういう友達に出会ったことによって人生が大きく変わりました。

また，私は私のようなしようもないガキをずっとかわいがってくれた母に恵まれました。マザコンだといいますが，私はマザコンであることを誇りに思うくらい母のことを尊敬しています。私の母は残念ながらもう他界してしまいまして，本当は母は私を文学者にしたかった，私を俳句詠みにしたかったんですが，残念ながら私はそっちの才能は全くなくて，母からあたたかい尊敬を得ることはできませんでしたが，数学をやっている私に対して，「お母さんも昔は幾何が好きだったのよ」と言ってくれました。それはとてもありがたいことだったと思います。

当然，良き師の中には，良き本というのがあるわけで，私にとって今日お話しした線型代数では，斉藤正彦先生の『線型代数入門』※はいまでもベストセラーで，素晴らしい本ですね。

それから微積分に関していえば，高木貞治先生の『解析概論』※。古今東西の名著と言っていい本です。そういう本に恵まれました。そういった良書も良い先生だったと思います。そして皆さんがよき師，よき友，理解者と出会って，数学の勉強をしていってもらえたらと思います。

皆様の数学の「文運長久」を心から願っております。ぜひ数学の勉強は早分かりをしなくてもいいので，挫折しながらでもいいので，確実な一歩一歩を積み重ねていっていただけたらと思います。

えらい勢いでしゃべりましたが，少しでも現代数学を皆さんに紹介できたならば幸いです。

第2章　参考文献解説

[1]『初歩からの数学』(岡本和夫，長岡亮介，放送大学出版会)

本編で述べているように『初歩からの数学』というと，やたら初歩的で単純な計算練習を繰り返すことで，良くいえば「わかった気にさせる」，悪くいえば「数学的に意味のない数学もどきで人々をだます」ような「リメディアル教育」を連想しがちなわが国の文化的な風土にあって，「最小限，これだけ理解していれば，大学で数学ユーザとして活躍するのに十分である」というメッセージを鮮明に訴え，「わかりやすいこと」と「わかるべきこと」との決定的な相違を示すことで，わが国の教育文化に一石を投じたいと願って上梓したものである。大学の立場から，この内容を精選するとともに，大学数学へと向かう準備となる鳥瞰図となることを目指したのが『数学の森』である。

[2]『連続群論　上』『連続群論　下』
(ポントリャーギン，柴岡泰光 訳，岩波書店)

20世紀の偉大な数学者ポントリャーギンの有名な著書で，筆者が読んだのはその邦訳である。この書物は，現代代数学で強調される置換群などの有限群と異なる位相群を視野にいれて書かれた20世紀的な公理的な群論の解説書で，この基本ストーリが分かると，その叙述がいかに現代的に洗練されているかが分かるのであるが，群論についての知識が皆無だと（筆者の場合それに近かった），公理的な記述を叙述的に語っている本書は，何が問題なのか，というもっとも基本的なことが分かるまで，読書を継続する忍耐を求められる。しかし，本書の著者であるポントリャーギンが盲目であったことを知ると，この夾雑物(きょうざつぶつ)を排除した叙述が，深い思索の結果を他者に伝えようとする努力の成果であるというべきことがわかる。

[3]『線型代数入門』(齋藤正彦，東京大学出版会)

齋藤正彦先生の大ベストセラーで，いまも日本全国の大学で，線型代数の教科書としてもっとも良く採用されている。いま線型代数を教える教員がこの本で線型代数の世界に入門したのが大きな理由であろう。著者が大学に入学した年に初版が出版され，齋藤先生から直々に教えて頂くという好運を得た。著書全体が分かると，諸部分の組み立てのうまさ，ストーリーの展開の巧みさ，数学的に品格ある構成など，名著の特徴が見えて来るが，著者自身の経験に即しても，初学者にとっては必ずしも読みやすいものではない。実際，筆者の当時の同級生で，いまは著名な理工系の大学教授になっている男が，「あの線型代数にはほとほと参った！」と正直な告白をしている。しかしながら，学生に媚びをうるような，著者と読者の品性を疑う入門書が多い中で一段と光を放っている。

[4]『解析概論』（高木貞治，岩波書店，改訂第３版）

高木貞治先生の数ある名著の中で，大学初年級の学生でも読める，そして「読まなければならない」と思われていた，日本を代表する解析学の入門書。冒頭に現代の実数論が高木先生ならではの物語として展開されているため，そこで躓く学生は数学科に行くべきではないという命題が脈脈と学生の間で語り継がれていた。最終章には，ルベーグ積分も扱われている。筆者は，通俗的と言われるかも知れないが，「初等関数」の章が，高木先生の文章の力で，読んでいてたまらない魅力に映った。著者の学生時代は，分厚く重厚な装丁の本であったが，最近は手軽に持ち運べる版もあり毎日の通学通勤の電車の中で読めるのも楽しそうである。

[5]『数学の森―大学必須数学の鳥瞰図』
（岡本和夫，長岡亮介，東京図書）

本文で触れているが，放送大学における『初歩からの数学』（岡本和夫氏との共著）を，編集者の意向にしたがって，大学生や社会人のために大学初年級の数学までを視野において大幅に書き直した。基礎的で重要であるが高校範囲のものについては理論的な核心だけを抽出するとともに，大学で出会う現代数学の入門部分で，高校数学の延長では理解しにくいものを強調することで，現代数学の鳥瞰図を理解して大学数学への勇気を奮い起こして欲しいと願って作ったものである。特に「線型代数」と「微積分」の２科目に分断されて教育される現代数学の基礎部分に対して，出来るだけ統合的な視界を与えたいと考えた。例えば，線型代数の基礎概念であるベクトルの典型が，微積の基本対象である関数であること，あるいは，微積で学ぶフーリエ級数が線型代数で学ぶ正射影の和であることなどである。

Think radically, Act prudently, and Do both creatively!

第3章

これは，主として高校の数学教員を志望する学部学生，院生，そして若手数学教員を中心として，数学についての日常的な研究活動をベースに数学教育の現状を批判的に考察する研究集会において，筆者が行ってきた多くの講演の中で，普段のそれともっとも変わっている１つを取り出したものです。

はじめに

今日，初めて，研究会の最初に自己紹介の部分がある意味でとても大きいなと改めて思ったりしました。私達は，それぞれが日頃いろんな課題で頑張ったり苦しんだりしているわけですけど，それをひと月に一辺とかふた月に一辺共有して，もう一回頑張ろうと思い直す。そのような機会として大事なんだと思ったんですね。改めて気付いた次第です。

今日は，“Think radically, Act prudently, and Do both creatively!”とキザな英語のタイトルを掲げたのですが，最後はもともとは“Imagine creatively”を考えていました。しかし，それだと，imagine と create が含意するものが重なってしまうかなと思って，こういうふうにしました。どういうことを話したいかといいますと，私の，いわば自己批判です。

数学教育に基本的な大切なこと

私は数学教育を考える際に，次の２点が大事なんだと言ってきました。それは，まず第一には数学教育に関して，徹底してより深い本質に迫るよう，哲学的な厳密性をもって迫ることの重要性です。数学教育では，数学的に分かってしまえばとても簡単なことを初学者，初々しい子供に対して，「分かりやすく，そして楽しく」教えることが目標だとみんな思っているようですが，そうではなくて，それまで分からないと思っていた人が突然分かるということ，いってみれば，相転位のような劇的な変化が個人の中に起こる，そういう劇的な変化を「単なる楽しい学習」という平凡な言葉で終わらせるのではなく，少々大袈裟にいうと，哲学的な厳密性をもって語ることが重要である。数学教育を平凡に語らないということがまず大事だと思います。これは徹底した radicalism（ラディカリズム），つまり，ありとあらゆる常識に対して根底的な疑いを差し挟み，そしてそれを徹底して批判することです。radical というと，過激思想のように誤解されがちですが根底的，根源的に考えるから，結果として過激になることは十分あるでしょうが，radicalism の本質は根底的に考えることにあると思います。教育では，何事も自明ではない，すべてを疑ってかかる。この radicalism が大切だと思います。特に，教育の規範たるべき検定教科書には，実はその中に必然的に学理的な矛盾，しばしば虚偽，嘘が内包されているのですが，多くの現場ではそのことに気が付かないまま教材の工夫だけに走っているのを目にします。巷にあふれる，主観的には極めて真剣な，その実はあまりにも俗に流されている「いまどきの数学教育」です。こういうものを徹底的に疑って，戦わなければいけない。

それと同時に学校教育としての数学教育を考えるときは，もう１つ大事なことがあります。数学教育は巨大な運動体の中で行われているわけですから，数学教育について，特にその刷新を語るときには，保守的に思考するということが極めて重要であるという第２点目です。数学教育の改革を気楽に，というか，あまりに楽観的に語るということはあってはならない，ということです。

数学に限らず，教育の刷新をヨソから借りてきた横文字の標語を並べたてても，ペラペラとしゃべる最近の風潮は最悪で，国家百年の大計という慎重さをもって語らなければならない。特に，行政，あるいは行政の権力に擂り寄る教育改革論者たちから出される私からみればあまりに楽観的な「これからの数学教育像」に対して警戒心を強くもって安易な改革に反対することです。しばしば数学教育論改革者の中には気立てのよい善意の人，これには数学者がしばしば含まれるわけですが，そういう人たちが数学教育が学校教育という大きな枠組の中で行われていることに由来する厳しい制約条件を全く理解しないまま単なる善意でもって改革の提案に悪乗りすることの危険性への警鐘です。

数学教育というのは伝統とか文化，あるいは習慣，制度，歴史，特に昨今では経済的な要因からも大きな影響を受けている。そのこともよく認識しておかないといけない。これを私は「叡智ある保守主義」というふうに言ってきました。

“Think radically, Act prudently”

私は，皆さんには従来から以上の２点を中心にいろいろと話をしてきました。これからのお話もそれぞれの点について話します。しかし，今日はこれだけでは不足している，という自己批判です。

何が足りなかったのか？

今まで私が言ってきた以上２点は，“Think radically, Act prudently”，そういう標語にまとめることができると思います。この標語はかつて強大な力をもっていた巨大な（であった）コンピュータ企業の“Think globally, Act locally”という標語のパクリです。

とはいえ，“Think radically, Act prudently!”は，いずれも数理的，哲学的，歴史的な視座が重要であるということを主張する批判主義的な主張です。「批判」は，しばしば我が国で誤解されるように，決して他者に対する「非難」ではないのですが，しかし，ネガティブな色彩を帯びているということは否めない。確かに，“Think radically, Act prudently!”ではポジティブには響きませんね！

この夏，たまたま機会に恵まれて，この２点ともに重要な柱となるべきもう１つの大事な視座を獲得したように思っています。それは，これら２つのいずれをやるにしても creative にすなわち，新しいものを創り出すようにやらないといけないということです。本当は全体の表題にもともと考えていたのは，最後に imagine creatively をつけるものだったのですが，三つ巴のダイナミックなフレーズよりもあるコンピュータ企業の二極的なほうが面白いなと思い，こういうふうに直しました。日本語に訳すなら「ただし，両者を創造的に行え」のつもりです。厳しい批判的な視座を持つにせよ，慎重に現状の改革を考えるにせよ，創造性が重要な鍵であるということです。

数学教育で忘れさられたもの

数学教育では，昔から他の教科教育に比べると創造性に力点が置かれてきたように思います。解法を発見する問題演習を通じてです。この意味で，数学教育というのは昔から創造性を大切に育む科目であったはずなんですが，戦後日本において，数学教育の「専門家」たちの間で受験教育が創造性重視と対立的に語られ，難しい問題演習とは，かけ離れたところで「数学的考え方の良さ」という奇妙な標語が普及し，いつの間にか本格的な創造性がすっかり疎かにされる，そういう語るも悲惨な現実がある，ということに今頃になって気が付いたんです。

最近の学校教育の中でしきりと語られる「数学は暗記だ！」というフレーズが，なぜ間違っているか――それを一言でいえば，数学は創造性の教育であることを忘れているということですね。暗記は創造性の正反対ですね。

数学教育がすべての学習者にとって創造性の育成に結び付かないならば，copy & paste を教える「情報の教育」と変わらない。落合卓四朗先生は ICT の時代になっての，教育の変化を「copy & paste が容易になったことである」と喝破なさいました。万人にとっての ICT の恩恵はまさに copy & paste の威力に尽きる，といって良いくらいです。

昔は写経はとても大切な務めでありました。そして，今もそうでしょう。写経には大変な集中力と気迫が必要です。そしてこのような労力をかけることによって，深い宗教的な境地に少しでも接近するということなのでしょう。しかし，単なるcopy & pasteをするのだったらば，コンピュータを使えば，一瞬で100回も200回も「写経」できます。プリンタにかければ1000部でも2000部でも「写経」できるわけですね。しかし，それは本当の，一字一句を大切にして心を込めて写字する写経とは全く違いますね。一字一句を自分の手で写すという面倒な作業が持つ文化的・学習的な重要性をもつわけでは全くありません。創造性とは全く無縁の単なるcopy & pasteそれ自身には全く意味がありません。

ICT革命の時代の数学教育を考えるときに，情報技術の数学的基礎を学びつつ，そのような技術を教育の中で適切に利用していくことが極めて重要であるということに関して私も人後に落ちるものではありませんが，しかしながら情報教育と数学教育には決定的に違う側面があります。それは情報教育は学習自身がcopy & paste的であって良い，ということです。数学と決定的に違うのは，「全部，自分で納得するまで考えろ！」ではなく，「取り敢えず再起動してみたら」のアドバイスに倣っても良い，といえば皆さん納得できるでしょう。「再起動とは何か？」の定義や「再起動すると正しく動くのはなぜか？」という理屈は分からなくて良い，ということです。

このような意味で，情報教育から数学教育が学ぶべきものがあるのではないか，数学教育にも情報教育のcopy & paste的文化を持ち込んでもいいところがあるのではないかと，最近ちょっと思っているんです。例えば，ε-δ論法に関して，数学科の1年生の学生に教える機会があったら1回くらい試してみたいと思っているんですが，「誤差の限界を与える任意の正の数εに対して，適当な正の数δをとれば，x_0からの距離が0より大，δより小，すなわち$0<|x-x_0|<\delta$となる任意のxに対して$f(x)$と1との誤差$|f(x)-1|$がεより小となる」という文を100回唱えよと言って，みんなでお経のように唱える。こういう教育を1回実践してみたいと思っているんですね。数学として全く意味がないと従来思われてきたと思いますが，見様見真似で教えられた通りやってみる。それを何回か繰り返しているうちに，次第に意味がのみ込めてくる，そういう理解の仕方が大学数学にもあって良いのではないか，ということです。私は情報の，特にプログラミング教育がもたらした1つの文化的なインパクトだと思っているんですね。

数学教育で創造性が必要なわけ

しかしながら，単にcopy & pasteをするだけだったら数学は決して尊敬される教科にはならない。いかに努力して，すっかり理解した気になったとしても，それが創造性と結合しないとすれば，そのような理解は単なる反復，すなわち丸暗記と大差ない。どんなに自分で証明を理解したといって，証明が「正しく」再現できたとしても，ただ単に，証明を復元できるというだけならば丸暗記と少々違うかもしれませんが，厳しく哲学的に見れば，大差ない。

数学における創造性は可能か？

数学における創造性とはなにか。それは，先端で数学を研究している数学者にとって自明なことであって，新しい数学，誰も見たことのない数理世界を紹介する論文を出すことですね。普通の人は新しい論文を書くことが創造的だと思っていますが，優秀な数学者は本当に良い論文を書くことだけが創造的であって，くだらない形だけの「論文」（まさに，「ペーパー」！）を生産することは意味がないと考えています。

研究というと，大層立派なことだと思う人がいるようですが，くだらない研究はいくらでもある。むしろ，残念ながら現代では，くだらない研究の方が多い。ですから数学における創造性を，単に新しい論文を書くことであるとは言ってはならないわけですね。空想的と非難されそうですが，本当に深い，意味のある新しい数学の世界を探究したものだけが「数学の研究論文」の名に値するのだと思います。そういう新しい数学的な発見だけが真の数学であるとすれば，数学は神に愛されたAmadeus，特別の人以外にはできないと思われます。Amaというのは愛する（love(s)），Deusというのは神を意味します。Amadeus Mozartという音楽家は，その名前からして，神に愛された，特別の才能を与えられていた人でありました。モーツァルトのような天才的な一部の人々を除いて，つまり普通の人にとって，数学でいかなる創造性の可能性があるのか？　これが戦後日本の教育が無視してきた問題であると思います。

その結果として最近の数学教育では，創造性へのいかなる挑戦もなされず，「皆で話し合って意見をまとめてみよう！」のような馬鹿げた実践が唱導されるに至っています。

しかしながら，数学における創造性とは，必ずしも高尚で深遠な数学の探究に限定されるべきではない。まず，これが重要なポイントです。考えてみるとピュタゴラース学派は数学の研究の歴史の中に重要な足跡を残しました。それは三平方の定理の発見と研究にあるだけではありません。そもそも彼らは「数学のための数学」をやっていたわけではない。彼らにとって数学は，音楽と並んで魂を浄化するための一種の宗教的な行為として，彼らの修養生活の一部でした。

ピュタゴラース学派に限らず，人間は，数学的な思索を生活の基本として文化を創造してきたんだと思うんですね。後で触れますが，例えば布を作るとか，染め物を作るとか，織布をデザインするとか……そこに数学がある。そういうことに携わった人々が自分たちのことを数学者だと思ったわけではないでしょうけれども，実はその中に多くの数学がある。

もっと身近な話題にしましょう。曲芸師たちがよく披露するジャグリングですが，実際は，実に多くのタイプのジャグリングの技があって，それらの技は数学的に描写できます。数学を使って新しいジャグリングの技が開発できるんですね。数学でジャグリングできるようになるわけではありませんが，数学の言葉でジャグリングを分類，整理することができる。数学関係の国際会議ではしばしばジャグリングの芸が披露されますが，これにはこのような背景があるのです。

そういう遊びの世界にだって数学はあることを考えれば，数学教育において創造性を断念しているのは極めて無責任なことであると思います。このような傾向が生まれる責任は，数学における偏屈な論理厳密主義とか狭隘な純粋数学主義とかのようなものであって，数学そのものからのものではない。純粋数学主義は20世紀を支配した思想です。そもそも純粋数学と応用数学という言葉も，19世紀に定着した概念であり，それまでは応用数学という言葉もなかったんです。18世紀には応用数学にあたるものを混合数学（mixed mathematics）と言ったりしていました。さらにそれ以前はすべてが数学だったわけです。逆にいえば，数学者という職業があったわけではなくて，いろいろな意味での数学的な活動が数学を名乗らずに続いてきたというべきなんですね。職業数学者が登場して，狭隘な数学主義が標榜されるようになる。

本当に身近にみる数学

ところで数学的な創造性が実はどのように広がっているかというと，模様を織りもの，もっと基本的には組み紐ですね。布地に組まれる数学的秩序をもったパターンの数々は，私達から見ればまさにそこに数学がある，変換群論の世界が拡がっているわけです。このことを最も明白に，最も鮮明に，最も芸術的に人々に示した1人はエッシャーだったと思います。

そして，最近私が改めて思い出したのは，音楽は音や声を素材とした数学であったということです。このことについては皆さんに「教養」という言葉，英語で言えば“liberal arts（リベラルアーツ）”という言葉が西欧社会にはあって，自由3学科，自由4学科という7つの学科からできていた。自由3学科というのは基本であって，文法学，論理学とか修辞学，それに対して自由4学科というのは自由3学科のいわば発展学科として数論，そして幾何学，天文学，音楽でした。ここでいう音楽は，日本人はすぐにinstrumental music，楽器演奏を連想してしまうんですが，そうではなくて，音楽というのは理論音楽のことで，理論音楽というのは音階論，和声論《調和論》です。さらにいえば，ユークリッドの『原論』※第Ⅴ巻にも対応するまさに比例論の応用であったようですね。中世中期の時代から見るとポリフォニーの研究を通じて音階の理論もものすごく進歩し，私自身はバッハの時代に平均律という形の妥協策で基本音階の話は全部決着がついたものだと思っていましたら，実は音楽の基礎理論は20世紀に入っても，そして21世紀になっても大いに進んでいるんですね。そしてそれに対する数学的アプローチ，分析の話も大変に進んでいるようです。地球上の多種多様な文化の中に見いだされる音階についての研究が発端であるようですが，その研究が古典音楽の分析にも応用されるようです。

私は聞いていてぽか～んとするだけだったのですが，音楽に関する数学的な分析はもはや数学教育の主要な話題の１つになっているんですね。私にはそれはもう驚くべきことでありました。

音楽をはじめ，絵画，彫刻，建築，庭園造り —— これは通常の数学的な記号法を利用しません。しかも，数学的な記号を必ずしも使わないで数学になっている。数学的な表現を使っていないと，そこに数学があるとは思わないで，数学的表現を通じて純粋にやっているものこそ数学で，他のものは数学の応用に過ぎない，そういうふうに他の文化を排除してしまうのは良くないと思うんです。

こういった純粋に数学的ではないが広い意味での数学的な活動を文化と呼んでもいいし，芸術と呼んでも構わないと思いますが，1つ留意したいのは「文化」にしても「芸術」にしても実は翻訳用語でありまして，いずれの翻訳もあまり原語の意味を正しく表現しているとは思わないんですね。英語では文化はculture，芸術はartです。cultureという言葉を文化と訳した明治の人はなかなかの知性の人だと思いますけれども，日本語の「文化」という言葉の中にcultureという言葉が持つ《多様性》,《土着性》,《寛容性》のニュアンスは全く入っていないと感じます。

一方の，芸術というと，今度は日本では逆に奇妙に立派な行為だというふうに見えてしまって，しばしば崇高な印象もあります。日本では芸術は，数学と同様にそれだけで自立している立派な世界と思われている。でも，芸術というのはラテン語のアルス（ars），ギリシャ語のテクネー（technē）の翻訳ですから，元来は単に技術とか技という意味ですから，日本語の芸術という訳には違和感を覚えます。また，後でお話ししますが，「技芸」と訳すと一番良かったんじゃないかと思います。

数学は数学という名の下でしか包括しえないような実に幅の広い人間的な活動全域にわたるもの，それを全部数学というべきではないか，狭い意味での数学という特別の世界だけに数学を限定すべきではない，そういうふうに改めて思ったわけです。数学は平たい言葉でいえば文化全域，芸術全域を含む包括的な活動であるべきということです。

新しい流れ―STEM

今 ICT 革命，その中でも最近は IoT 革命，すべてのものに IC チップのタグをつけてそれをインターネットを通じて情報を収集し管理する Internet of Things という革命が進展しています。AI 革命については別の機会にお話した通りです。このような革命の中で，アメリカではオバマ政権が STEM 教育と言い出した。末期の大統領はレジェンドを作るということに焦る傾向がある，とよく言われますが，この STEM というのは「樹木の幹」という言葉であると同時に，それが Science, Technology, Engineering, Mathematics それぞれの頭文字の順列で次世代に対する基幹的な教育の重要性に熱い視線を投げかけたのです。これは当たり前の話のように見えますが，ちょっと考えるとそうでない。この中で，設計 design を含意する Engineering の教育が入っていることです。というのも，他の 3 分野には創造性を明示的に示唆するものがない。例えば Science の教育，Technology の教育，Mathematics の教育というと特に伝統的には，すでに確立した知識を次世代に伝達するという transmission の機能があるだけであって，そこで creative に新しいものを作るという発想はほとんどありませんでした。Engineering はとにかく新しい機械を作りましょう，となりますから，そこには design がありますので，これは creative にならざるを得ないというところがあると思うんですが，他の部分には創造性こそが重要な要素であるということを匂わせるものがない。

STEM に Art をつけ加えて STEAM という掛け声がすでにあります。Art というと，先ほど申した通り，日本語では芸術と訳されるのが一般的ですが，私は“職人的技芸”と訳すのが一番良いというふうに思います。ここで職人というのは決して軽蔑している意味で使っているのではなく，尊敬の意味です。職人さん，職人芸，その職人芸というところにまで技術を高める，そういうことが Art の世界だと思います。ドイツなら，さしづめ，マイスターの技というところでしょう。

私は BRIDGE　Conference という会議に参加して，その Art の範囲の広さと深さに驚嘆，感動してきたので，その報告をしたいと思います。BRIDGE のサイトの最初の画面は https://www.bridgeconf.org/（2019年11月現在）です。フィンランドのユヴァスキュラという街の大きな海の入り江なんだか分からないような大きな湖の周辺の街の中心にユヴァスキュラ大学があり，ここはかつてはノキアの開発の本拠地だったようです。

Mathematics, Music, Art, Architecture, Education, Culture, 数学はこのような多様の文化領域をつなぎ，ブリッジ，橋渡しとなるべきだというのが会議の主題で，それぞれの分野が実に広範囲にわたっている。Art というのは絵画とか染色，工芸ですね。それから Music は器楽音楽だけではなく理論音楽，いわゆる楽典から民族音楽，電子音楽まで広くわたっている。それから Architecture は，建築とか彫刻とかがベースですが，3D の教育にも意欲的です。

教育は応用数学である

これに関して触れておきたいのは Felix Klein の「教育は応用数学である」という言葉です。数学的に論理性がないからと理論的に割り切ることはできない数学教育には，純粋数学で済まない応用数学の難しさがあるんだ，このことを数学者たちがあまり分かっていない，と Klein は数学者に対して警鐘を鳴らしているんですが，私は Felix Klein のような偉大な数学者が現代数学の爆発的な発展が開始される20世紀の最初にいたということは本当に幸運なことであったが，にもかかわらず Felix Klein のような偉大な人がいても，数学教育はこんなに堕落してしまうんだという重い現実に打ちのめされる思いがしました。クライン自身が嘆いている当時のベルリン大学数学科の卒業生の様子は，今日の私たちから見ると羨望の的に見えるほどです。

Culture というのは，Drama，Poem，Dance なんですね。

私が今日特にお話したいのはこの学会のパフォーマンスです。このBRIDGE Conference のレベルのアカデミックな高さを象徴しているのは，Plenary lectures ですが，私が紹介したいのは学会の最後にあったmusic night におけるCorey Cerovsek（https://www.cerovsek.com/）という人の講演と演奏です。この人のことを僕は全く知らなかったんですけど，すばらしかったんです。この人がどういう人かといいますと，Web サイト（Wikipedia）にこういう記事が載っています。この記事を要約してご紹介しましょう。

彼は1972年生まれですから，今は44歳，若いんですよね。ヴァイオリニスト，ピアニスト，そして数学者。12歳で彼は王立音楽院で金賞をとり，1992年20歳のときにバージニア州パーカー賞をカナダ芸術院から受賞して，2006年にまた，……とたくさんの賞をもらっているんです。彼はカナダのバンクーバー生まれで，お父さんはピアニストでしかも弁護士。ヴァイオリンを5歳で習い始めて，いろいろ偉い先生について習ってインディアナユニバーシティで音楽を勉強する。さらにすごいことに，中学3年生（15歳）で数学と音楽の学位を取って大学を卒業して，音楽におけるmaster degree を16歳のときに取った。

そして２年経って，数学においても master degree を取った。それから18歳で数学と音楽の博士課程を終えた。こういう人なんですね。学歴だけを見てもとんでもない人ですね。

彼は Stradivarius の Milanollo というヴァイオリンを学会にも持ってきて，まさに私達のために演奏してくれたんですね。ものすごく感動しました。この楽器は，有名な人，パガニーニとかもそれを使って演奏していたそうですね。そういう Stradivarius。こういう人がこの学会のために来てくれたのは，すごく若いときに BRIDGE Conference に参加して音楽と数学について，その間に緊密な関係，あるいは忘れてはならない関係について彼がしゃべって，そのとき数学者たちの反応がとても良く，それ以来の長いつき合いの始まりになったようです。

こんなすごい人が，私たちの会，大多数は数学をやっている音楽的には音痴な人です。その人たちに対して Stradivarius で演奏してくれた。Plenary lecture では話をしながら演奏するわけですね。演奏するときに提示される資料は楽譜なんです。そのときに行われたフロアとの応対の内容が正確に理解できない私は，レクチャーでは単なる「お客様」で情けなかったんですが，music night で彼が弾いてくれた Kreutzer Sonata にはものすごい感銘を受けました。私はこれを聴いただけで，この会議に参加した経費の元を取ったというふうに思いました。私の貧しい言葉では形容することができないほど，真に理知的で真に情熱的でしかも繊細さと大胆さが共存するすばらしい演奏でした。みなさん，これからStradivariusをちょっと紹介しますので，後ほどCDを入手して聴いてください。

ここで当たり前のようでいて，しばしば理解されていない重要なことは，音楽の演奏というのは，楽譜に書いてあることを音にすることじゃないということですね。楽譜の忠実な再現だったら演奏家は何の意味もない。この会にもいつかお呼びしたいと思っているんですが，盲目のチェンバロ奏者，ピアノ奏者ですごく有名な武久源造氏（http://www.genzoh.jp/）という人がいるんです。私は音楽には疎いですが，その人とは飲み友達で，だからきっといつかお呼びできると思っているんですが。武久さんは若手で盲目の方から弟子入りしたいと言われたときに，断ったんだそうですね。なぜか。その若い人は全部音楽を耳で暗記して，それを弾いている，しかし，楽譜を読めないと音楽にならないと武久さんは言ったんですね。武久さんは楽譜を読み込むということが演奏家にとっていかに重要であるか，このことを語ってくれたんですが，これは音楽をやっていない人には分からないかもしれないですね。楽譜を誤って読む，ドをレと書いたらもちろんだめです。しかし例えば，どういうふうなドを弾くかというのはみんな演奏家によって違うわけでありまして，楽譜の解釈には無限に多くの可能性があるわけです。そのことは音楽が好きな人だったらみんな知っていることでしょう。演奏において楽譜の唯一の正しい解釈があるわけではなくて，常に新しい解釈を発見する創造性に満ちた世界であるにきっと違いない。私は楽譜を見てそういうふうに演奏できるわけではありませんが，いろいろな人のを聴いてそう思うわけです。

数学においてPythagorasの定理は今まで2000年以上にわたって何百万回教えられてきたか，Pythagorasの定理の教育自身には，なんの創造性もないと思ってしまうかもしれませんが，実はPythagorasの定理１つとってもその教え方，理解の仕方に関しては無限に多くのバリエーションが本当はあると思うわけです。

音楽というのは昔作られた楽譜の再現と思われていますが，昔書かれた楽譜を現代の音楽家が解釈して現代に楽譜の命を吹き込むという仕事が音楽，演奏だとすれば，昔に発見された数学的な知識に対して，これに対する新しいアプローチがあってしかるべきというふうに思うわけです。Pythagorasの定理の結果と応用の基本をしっかりとたたき込む――こういうような教育ではいけないということです。数学を理解するということが大事，暗記するのではなく理解することだと多くの人が，そして私もよく言ってきました。しかし理解自身も新しい理解の発見でなければならない。いままでの理解の仕方とは違う理解の仕方がある。その発見が大事だということです。平凡な理解，人と同じような理解ができるようになったところで，それは新しい理解になったわけではないということです。

これに続く資料の最後はおまけです。算数数学教育に纏わる10の素朴な誤解集。

1　数学ができる人は頭が良い＝数学ができない人は頭が悪い
2　数学は絶対正しい
3　数学は分かりやすく教えれば誰でも分かる
4　教師のやる気が生徒のやる気を引き出す
5　数学教育には誰がやっても同じ効果を引き出す方法論がある
6　現代数学は初等数学と違い厳密で高尚である
7　高校までの初等数学には才能は関係ない
8　人より早く知っていると得をする
9　人より公平な採点基準が存在する
10　人生，やればできる，希望をもてば必ず実現する

みんな間違いです。世間の人たちは全部こういうのを素朴に信じている，そういうのがおかしい。

話を Kreutzer Sonata に戻しましょう。

YouTube で彼の名前を検索してみるとたくさん載っています。その中で私が最も感動したベートーベンも見つけることが

できます。彼の公式のWebサイトもありますのでお勧めです。なんといってもこんな演奏ができるヴァイオリニストに私は今まで会ったことがないです。テクニックではたぶんパガニーニのほうが上かもしれませんが，ベートーベンのKreutzerのような難しい曲を，これは数学をやった人じゃないと絶対できない，私はそう思いました。あとはみなさんのお楽しみに。

税と教育

フィンランドのような小さな国は決して豊かではないはずの国で，でも芸術とか文化とか学問に対して国民が高い税金を払って，そしてその高い税金を払うことを良しとする。これは教育の賜物だと思います。私は自分がフィンランドで過ごすわけではないのに高い消費税を払ってフィンランドを財政的に「支援」してきましたが，そのフィンランドがこういう施設を持って我々に開放してくれるというのは，高い税金分くらいは取り戻さないと，と思うんですね。やはり教育というのは近代の民主主義社会を支えると思うんですが，その要であるということは納税者が税金に対して，税金が正しく使われているかどうかをちゃんと意識し，そして正しく高い税金が使われているんだったら，喜んで払うぞという，そういう気持ちを持つことですね。私達は残念ながらそういう文化の中に生きていないみたいで，税金を１円でも安くしたい。そういうふうにしか思っていないと思います。それは我々の教育が行き届いていないためだと思うんです。

数学の今後の道

そういうわけで，数学に関して，あれは数学じゃない，あれは数学的に正当ではない，そういうふうに斬る。私もどちらかというと斬ることが好きな方だったんですが，むしろあれも数学これも数学というふうに，数学的な発想の芽をどんどん豊かに育てるということ，これが私達がずっと見失っていたもので，これは別に数学教育関係者だけがずっと見失っていたのではなくて，我々の社会が教育とか文化とか芸術とかそういうものに対してある対価を払わなければそれが成長していかないということ，それを理解してこなかった我々の貧しさ，共通の貧しさだとして総括しました。数学教育をもっと豊かにするためにみなさんとともに頑張っていかなければと思います。

非寛容な寛容さ

「数学は問題解法である」とか「完璧な証明の知識の獲得である」。これは高等学校レベルだけじゃなくて大学でも似たような状況なんです。こういう凡庸な数学の技術主義に堕落している。それときちっと決別しようとする意志を持つ，これは私達自分自身を否定するということですから，非常に厳しいことなんです。暗記とか単位の名のもとに行われる一切の創造性を否定するような低俗な数学教育に対して毅然として断固反対する。あれも数学，これも数学という大胆，あるいは大胆すぎる勇気を鼓舞しなければならない，そういう勇気を応援しなければならない。そして豊かな創造性に対して尊敬するということですね。そして真の創造性に向かって我々は自分一人ひとりはそんなに才能があるわけではありませんから，真の創造性がすぐに実現できるわけではありませんが，それに向かって絶え間ない努力をするという必要性を自覚するということですね。

創造性への尊敬を！

そのためには，まず第一に豊かな創造性に対する尊敬心，これがないといけません。あるいは芸術に対する尊敬，私達に欠けていたのはこれだろうと。私達が尊敬したらそれに対する対価があるわけですが，そのためには，日本の数学教育に対する尊敬心，日本の数学教育に創造性の光が輝くその日までお互い頑張りましょう。

実はこれは戦後50年間忘れ去られてきただけであって，落合先生の時代は数学は創造的な学問だからこそ，みんなできないけど数学は尊敬されたんですね。なんであんな××君があんなに数学ができるんだ？　そんなふうにみんなに言われていたに違いない。でもできる人はできる。でもそういうものの対極として今は庶民の数学になってしまっている，これが堕落の根源でしょう。「みんなの数学」ほど汚らわしいものはない。みんながパガニーニの演奏ができるわけじゃない。でもパガニーニの演奏ができるところまで行ける人もいるんだ，という認識を共有することが大切だということです。

〈質疑応答から〉

Q：哲学的厳密性と演繹的厳密性とは違うのですか？

A：違います。哲学的な厳密性というのは，演繹的な厳密性だけでは済まない，つまり哲学は演繹だけではできないので，部分集合ではないです。哲学の場合は，ロジックだけではなくて，重要なのは歴史なんですね。歴史のない哲学は貧困である，哲学のない歴史は盲目である，これは有名な哲学者の言葉です。

第3章　参考文献解説

『原論』

紀元前3世紀頃の古代ギリシャの黄金期に編纂された，当時の数学的な知識の論理的な集大成であり，論理的な演繹的思索の模範として，古代より教育の基本的な素材を提供してきた書籍で，原題「ストイケイア」は，「字母」を意味しているというのがもっとも古い解釈である。ラテン語ではElementaと訳され，そのせいか，現代でもElementsと呼ばれ，わが国では「原論」と訳されるのが一般的である。オリジナルの形では手書きの写本であることもあり，全体で13巻からなる大著であるが，有名なのは，「三平方の定理とその逆」と呼ばれる2定理を目標として書かれているように映る，比較的短い第1巻に過ぎない。そのあまりに厳密な論理性に対する強い印象のために，「初等的な平面幾何の公理的な構成」と解釈されることも多いが，原論の扱う数学的な知識の範囲は，数論，無理量論を含む，遥かに広く，しかし現代ではあまり興味を引かない面倒な話題を大きく取り上げた圧倒的に長い巻もある。

また初等幾何といえども，安易に今日的な解釈をすると本来の趣旨を読め間違える話題も多い。その意味では，「原論」は，当時知られていた数学的な諸知識を収集して論理的に再構成した「諸要素elementsの書」と理解する現代的な解釈が内容には合っている。

なお，著者であるエウクレイデース（英語圏ではEuclidユークリッド）の伝記的な像についてはほとんど知られていない。多くの書き写しや「改良」を経て伝わってきた「原論」の元々の形が，緻密な文献考古学の手法で復元されたのは，ようやく19世紀後半に入ってからである。わが国でもそれに基づく新しい邦訳がいろいろ出版されているが，世界中の人々が「原論」とか「初等幾何」というときは，18世紀に，何カ国語もで多数出版されたフランスの大数学者ルジャンドルの『幾何原論』の影響が大きいように思う。

第4章

数学って，どんな学問？

以下の２章は，大学入試ばかりが目標となっている現代日本の高校生に，より正確には，2011年３月に地球の巨大さと人知の浅さを鮮明に突き付けられた福島県の高校生向けに，正しく考えることと，筋悪く誇大妄想することの違いを，単純明解な数学を例にとって話したものです。

数学とはまずは言葉の学問

数学というのはどういう学問でしょうか？　一言で言えば，数学は，全く無関係に思われていた物事の間に隠れていてそれまでは見えなかった深く重要な関連がある——こういう新しい関連を発見する。そういう学問である，これが数学を理解する１つの鍵です。全く無関係と思われたものの間に深遠で興味深い関係があるということを論理の力だけを使って，言い換えれば，実験とか観察とかではなくて，論理の力だけを使って発見し，それを他の人に的確に伝える，そういう学問ですね。ここで，伝えるということが大切です。

数学はこの意味では一番人間にとって大切な《言語》なんですね。私たちは言葉を使うことによって初めて考えることを知るわけです。言葉がないと，我々はどうやって考えたらいいか分からない。例えば君たちだったら，例えばいろいろな事情で，定期試験までの時間がない。こういう情況はつらいよなあ，嫌だよなあ，冗談じゃないよなあ，ほんともうすぐテストが始まるなんて困るよな，とそういうふうに言葉にすることによって友達同士で考えや気持ちを共有することができますし，その後，そういう気持ちを……いうふうにして克服できた，という経験を言葉にすることによって，相手に伝え，個人的な経験を共有された経験として昇華することができます。このような昇華作用が思考であり，そのために言葉はすごく大切なものです。言葉の世界が単純な人たちというのは，結局，思考の世界が単純になっちゃうんですね。

君たちはきっと違っていてほしいと思いますが，最近東京にいると，「若者たちが言葉を失っている」ことをときどき感じます。「超うぜぇ」などと言葉は，表現こそ「過激」ですが，「痛い」とか「熱い」というような生理反応を表現しているだけの単純さで，まるで反射だけの生物が使うような単なる刺激に対する反応というレベルだけで「コミュニケーション」をとっているのは，私はすごく心配で，もっと表現力豊かな人として成長していってほしい。そのためには言葉を豊かに持ってほしい，って思います。言葉が貧困な人は思考の世界も貧困であると思うんです。

「マザー・タング」の重要性

いわゆる言葉の中には私たちが，子供として生まれてきたときに親との接触を通じて自然に覚えるmother tongueというのがありますね。その獲得過程は実に不思議で，最初は「んまんま」とか「ハイハイ」とかという言葉だけしか使えないのに，そこからだんだん言語を習得していつの間にか，複雑な表現を通じたコミュニケーションができるようになります。

これに関して，示唆的な例を話しましょう。

小学校のときからアメリカに留学した子と著者との会話経験の実話です。その子が高校生くらいになって帰ってきたときに，ちょっと数学が不得意だというので相談に乗ることになったのです。私は，「こういうことは習ったか？」「それはいつ頃勉強したか？」「それが分からないなら，こういうことは知っているか？」，…こういう質問をして，彼とコミュニケーションをとろうとするんですが，それが驚いたことに，彼は英語は完璧に分かるはずですし，数学用語も私は英語に直して説明するから，それが分からないはずはないんですが，論理的に考えることがとても苦手なんですね。私はびっくりしました。あんなにぺらぺらに英語を話せるのに，なんで数学のことばが通じないのかということでした。本当の理由はよく分かりませんが，彼にとって最も大切な，思考のための言語を形成する時期に，二か国語の間でウロウロして自分自身の言語を習得する機会を逸してしまったのではないか，と想像しました。

mother tongue を，論理的世界を表現できるまで，上達すべき時機に，外国語がもう一つの mother tongue として入ってくると，日本語と外国語が同じくらいによくできるようになる。私たちだったら物事を考えるときは日本語で考えますよね。でも彼の場合は，ときには外国語で，ときには日本語で考える，どちらか自分が得意なほうで考えるということが習慣化してしまった。その結果，深い思索を必要とする面倒なことはどちらでも考えないということになったんじゃないかと感じました。明確な母国語を持っていない人には，こんな弱点もあるのかと初めて感じました。それまでは，外国をペラペラしゃべれて羨ましいなあ，発音も良いなあと思ったんですけど，バイリンガルの若者が論理的な思考力の形成に困難を持っているということを知って，母国語を失うということの危険に気付きました。

数学という言語の特徴—普遍性

自分の言語の世界を豊かにするうえで，外国語を勉強することもとても大切だと思うんです。君たちは英語の勉強をしっかりやってほしいと思いますが，それより，それ以上に大切な「外国語」の勉強があります。それは数学です。数学は万国共通の言語だからです。数学でだったならば世界中の人とその言葉でしゃべれるんですね。エスペラント語という人工的な世界共通語がありますが，エスペラント語以上に，数学は普遍的なんです。そして数学が面白いのは，数学を知らない人は本当に不思議だろうと思いますが，数学を通して，人々の気持ちがお互いに伝わるんです。ちょうど音楽のようですね。それぞれ人の大切にしている数理世界の奥行や美しさについての感動が伝搬するんですね。

簡単な例を１つ挙げましょう。数学は離れているものの間にある関係を見出すものであることは最初に述べましたが，これを人類で最初に見出した人の１人は，ピタゴラスという古代ギリシャ人です。日本語ではピタゴラスといいますが，ピュタゴラースの方が原音に近いんですね。そんなことは以下の話ではどうでもいいんですが，大事なことは，彼個人のことははっきりしたことは分かっていないのですが，そのピタゴラス学派と言われる人たちが，一種の宗教的な秘密結社のような集団生活をしていたようです。ひたすら数学と音楽と瞑想にあけくれていたということですから，今なら「危ない人たち」と言われて社会から排除されたかもしれませんが，彼らは，「数の中に全ての一切の秩序の表現がある」と信じたんですね。

ピタゴラス学派の活動については一応は後世の証言が残っているのですが，きちんとした詳しい歴史資料は残っていない。

「ピタゴラスの定理」とかいう数学の定理がありますが，この定理についての正確な記録は残っていないですね。いわゆる伝承として伝わっている少し怪しい話だけなんです。いろんな伝承が伝わっているんですが，最も信頼できるのはアリストテレスという大哲学者が，ピタゴラスについて書いている部分です。しかしここを読むと，今から考えると気が狂っているのではないかと思うようなものです。「ピタゴラス学派の人々はいろいろなものを全て数に結び付けて考えていた。なぜならば，彼らは，数の中に全ての原理があると考えたからである。例えば……」，この例えばの例がおかしいんです。「男は２，女は３，結婚は５」とか「正義は４」だとかなんとなく分かる気はしませんか？　「幸運は７」，これは分かりますか？　これが現代の「ラッキーセブン」の起源だと思います。野球では７回になればバッターに少なくとも２回ずつピッチャーと対決するチャンスが回ってきていますから，ヒットが生まれやすい。これがラッキーセブンですという，ばかな解説を聞いたことがありますが，別に野球の話ではなく，ピタゴラス学派の人々は数の中に全ての秩序があると思っていた。

ピタゴラスの大発見

どうしてだと思いますか？　実は彼らは大発見をしたんで

す。ギターの弦のようなものを思ってください。この弦をピンと張って弾くと音が出ます。弦の長さを半分にする，弦を引っ張っている力（張力）を同じとします。そうするといわゆる倍音（二倍音）が出ます。 弦の長さが$\frac{1}{2}$とすると，元の音と，良くハモるんですね。きれいな音になるわけです。２つの音がまったく濁らないんですね。この基音と倍音のハーモニーというのが音階の基本ですが，これらの倍音だけだと豊かさがない，音として深味がない。

ピタゴラス学派の人は大発見をしたんですよ。それは最初の音をド，その倍音を１オクターブ高いドであるとすると，これら２つのドに加えて$\frac{2}{3}$の長さの弦の発する音を追加するとさらに気持ちいいと。これがド，ソ，ドの和音なんですね。低いドと高いド（高い音）の間のソは，今の言葉を使うと低いドから完全５度，高いドは完全４度の和音ですね。

音楽をやっている人だったら完全４度と完全５度は和音の最も重要な基本であるということを知っているでしょう。そのドソドの和音，低いドと高いド（以下ではド̇と表すことにしましょう。）の和音，低いドとソの和音，そのソと高いド（ド̇）の和音，それらがえも言われぬ美しさであることをピタゴラス学派の人々は発見したわけです。彼らの偉いところ，それはなぜかと考えたことなんですね。なんでこうすると美しい和音となるのかと。ピタゴラス学派の人々は，このように美しい和音を作る弦の長さである1と$\frac{2}{3}$と$\frac{1}{2}$は逆数を取ると1，$\frac{3}{2}$，2のように差が一定となっている。高校数学の言葉でいえば，等差数列になっている。この数学的な秩序にハーモニーの根拠が隠されていたのかとピタゴラス学派の人々は思ったのでしょう。弦の長さでいうと，1，$\frac{2}{3}$，$\frac{1}{2}$これで和音が作れるんだということを発見した彼らは，これを基にしてより洗練された音階を作ろうとしたわけです。

今日は，話を簡単にするために，五線譜や君たちがよく知っているピアノのような鍵盤で説明していきましょう。もちろん，論理的な順序としては，まず音階があるからこそ，五線譜や鍵盤が出来るのですが，分かり易さのために，ここでは順序を逆転させてください。

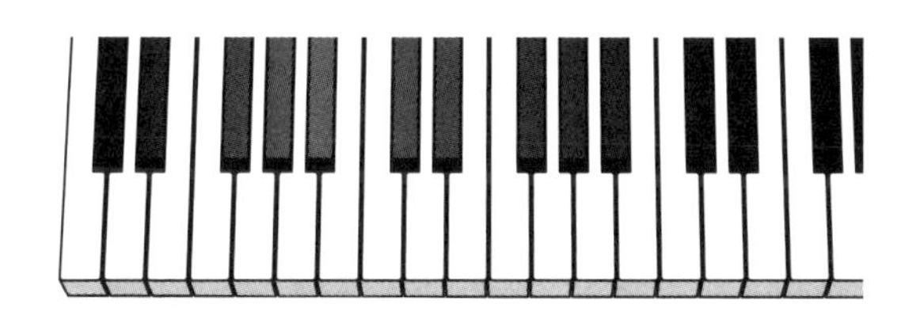

こういう鍵盤楽器ができたのはかなり後の世になってからでして，昔は弦楽器しかありませんでしたから，別にこういうふうに白鍵と黒鍵の区別をする必要はないので，ドと1オクター

ブ高いド̇の間に，今の言葉では半音ずつ高くなる12音階で半音階を作ろうと考えます。

ピタゴラス流の方法を単純化して現代的に説明しましょう。最初のドとソの間には半音が７個，このソとド̇の間には半音が５個あるとして，その間を「完全５度高い」という法則で埋めようということです。

そこで，ドからソが弦長が$\frac{2}{3}$倍であることを基礎としてそれより完全５度高い音を出すには，ソを出す弦のさらに長さが$\frac{2}{3}$のもの，つまり$\left(\frac{2}{3}\right)^2=\frac{4}{9}$の弦となりますが，これでは$\frac{1}{2}$より小さくなって，これだとド̇よりも高い音になっちゃうんです。ソ・ラ・シ・ド・レっていう１オクターブ高いレ（レ̇と表しましょう）なんですね。そこで弦を２倍の長さの$\frac{8}{9}$にしてやると音は１オクターブ下がって前のドの右隣レができるわけですね。分かりますか？　このようにしてソをもとにしてレを作ることができます。

このレに対してさらに完全5度高い音とし弦長が$\frac{8}{9}\times\frac{2}{3}=\frac{16}{27}$であるラができます。そしてラからミ̇が作れ，１オクターブ下げてミができる。このミからシを作ることができます。そして最後に，シからファができると，ド，レ，ミ，ファ，ソ，ラ，シ，ドが完成してうれしいのですが，シに対して完全５度高い音はファではなくてファの♯，私たちの鍵盤なら，ファの右隣にある黒鍵にしなければなりません。

しかし，「完全５度高い音を作り，必要な場合は，１オクターブ下げる」という操作をドから始めて続けて行くと

ド→ソ→レ→ラ→ミ→♯ファ→♯ド→♯ソ→
♯レ→♯ラ→♯ミ＝ファ→ド

のように11回で，１オクターブ高いドまで，12個の半音上昇の音階ができます。

以上の話は，数学的には単に$\frac{2}{3}$という数をかけていって$\left(\frac{2}{3}\right)^2$，$\left(\frac{2}{3}\right)^3$，$\left(\frac{2}{3}\right)^4$，…と累乗を作っていくが，その過程で$\frac{1}{2}$より小さくなってしまったら，２倍することによって１と$\frac{1}{2}$の間に入るようにする，という操作です。

このようにして数を利用して美しい和音を産み出す音階を作ると，それによって多くの人々が心揺さぶられる調べを奏でることができる。これがおそらくはピタゴラス学派の人々が数こそが全てだと思った最大の動機だと思います。

実は，１オクターブの差を表現する弦長の比$1:\frac{1}{2}=2:$

1を，12個の同じ比の半音上昇で正しく分割するためには，$\sqrt[3]{2}$：1という無理比の弦を考える以外にはありません。上に示したのは

$$\left(\frac{2}{3}\right)^k \times 2^l = \frac{2^n}{3^k} \quad (k,\ l \text{は0以上の整数で，} n=k+l)$$

と表される1と$\frac{1}{2}$の間に入るものばかりですから，今日のピアノの鍵盤のように，♯ファと♭ソが同じ鍵となるような完全な半音階ではないのです。

音楽・哲学・数学

音楽は人の心を直接揺さぶりますよね。人々はなんで音楽が好きか。それは音楽が人の心に直接語りかける言葉だからではないでしょうか。人間の言葉，日本語とか英語とか頭を使う言葉であるとすれば，音楽は心に直接語りかける言葉ですよね。音楽の持っている力ってすごく大きいと思うんですよ。皆さんそう思いませんか？　本当につらいとき，音楽によって心が慰められたり，励まされたりすることはありますよね。そのような素晴らしい音楽の中に実は数学が隠されている。このことにピタゴラス学派の人々は本当に感動したんだと思うんです。なんで人の心と数学とつながっているの？　きっと彼らは思った

んじゃないでしょうか。そうして，数の世界に潜む深遠な秩序が，世の中を支配する原理だと思うようになったのでしょう。こうしてピタゴラス学派の人々は数の秩序についていろいろと研究し，今日も話題になっている初等的な整数論の人間的世界を開拓したんですね。

そのようなピタゴラス学派の発見が大きな動機になって，ソクラテスの弟子であるプラトンという大哲学者が，哲学を勉強する学校「アカデメイア」を設立するのですが，自分の下で哲学を勉強したかったら，アカデメイアに入りたいと思うでしょうが，その門柱には「幾何学を知らざるもの入るべからず」って書かれていたという話です。その当時の数学といったら証明中心の幾何学でしたから，その幾何学を分かっていない者には，哲学を教える価値がない。そんな奴は入ってくるな，そういうことですね。

有名なユークリッドの逸話にこういうのがあるんです。「先生，幾何学を勉強したら何の役に立つんでしょう？」そういうふうに質問した若者に対して，ユークリッドは「あいつに金をくれてやれ。あいつらは金が欲しいだけなんだから。」と言ったという話がありますが，古代ギリシャの知的な人々は一般に労働して何か利益を生み出すことはあまり重視していない。それより，知的な思索を通じて他の人が知らなかった真理に拓かれるということに対して大きな喜びと誇りを感じていたんですね。

中でもプラトンが最も強烈な人です。去年ラファエロの作品が日本に来ましたね。ルネッサンス期の巨匠ですね。とにかく彼の絵の才能においてはミケランジェロやレオナルド・ダ・ヴィンチをはるかに上回っていると思いました。そのラファエロの有名な作品に，ヴァチカンのシスティナ礼拝堂にある「アテナイの学童」という名前がついた絵があるんですが，その絵の中心に２人の人物が描かれている。すごく面白い。１人は天を指さしている。もう１人は地面を指している。２人の人物は有名な大哲学者のプラトンとアリストテレスなのですが，プラトンは天のことばかりを考え，アリストテレスは地面のことばかり考えていたということをラファエロが象徴的に描いた。非常に的確な描写だと思います。プラトンはまさに天上の世界のことを考える。その天上の世界のことを考えるとは人間の魂のことを考えるということとほぼ同じことだと思いますが，その魂について語り合うためには，あるいは正義とか愛とか，生死，…について深く考えるためには，数学的な経験が，あるいは数学的な思索を続ける能力が不可欠だと思ったのでしょうね。

これも，有名なプラトンの話なんですが，私たちは物を見ているときに「そこに物がある」と思っている。でも実は私たちが見ているのはその影にすぎない。ちょうど洞窟の中に壁の方向しか見えないように縛られている人がいたとして，後ろから明るい光があたると，そのために，いろいろな物の影が洞窟の壁に映る。その洞窟の影を見て私たちはそこに物があるというふうに思っているが，それは実は影に過ぎないということなんですね。プラトンが何を言いたかったのか，それは一言でいえば，我々が「ものが分かる」とか「物が見える」とか，言っているけれどもただの肉体の眼で見ているに過ぎない。肉体の眼で見える世界というのは本物の世界ではないと言いたかったんだと思うんですね。目で見えることが分かることと同じことだという，To see is to believe．とか Seeing is believing．とか，そういう軽薄なことわざがありますね。あれは最近のアメリカやイギリスの文化程度をよく象徴していて，本当は肉体の眼で見ることと頭や心で分かることは違うんです。「見る」ことと「分かる」ことが違うということを最も雄弁に教えてくれるのは数学なんですね。数学は見えないことだって分かるし，見えたって分からないことだらけ。目で見えることを visible，目で見えないことを invisible といいますね。プラトンは invisible と visible の違いが大事なのではない。そうではなくて，intelligible，つまり「知性によって分かる」，ことと知性によって分からない unintelligible の違いこそが大事なんだと。実は哲学の世界に人が入っていくために，visible，invisible の世界の区別ではなくて，intelligible，unintelligible の，つまり知性によって接近できるもの，知性によって接近できないもの，そういう区別ができなければ哲学は始まらない。そういうことをアカデメイアの門柱で言いたかったんだと思います。このプラトンの考え方が，その数学的な認識が人間にとって最も大切だというのは，おそらく私たちが物を理解しているということは一般にいかに軽薄であるかを知っているかどうか，が人間にとって重要だということだと思うんです。

数学的な理解の本質

以上を踏まえてもうちょっとわかりやすく説明しましょう。私たちは，例えば「ピタゴラスの定理を知ってる？」「ああ，知ってる知ってる！　直角三角形の……」とやりがちですが，こういうのは，単なる数学の知識に過ぎません。その知識があるということと，ピタゴラスの定理が数学的にはどういうことを主張する定理であるのか，また，この定理を支えているのは何なのか，そういうことを深く理解することとは全然別物なわけです。

私はいまピタゴラスの定理を１つの例に引いているんですが，ピタゴラスの定理は高校２年でいえば，平面上の２点間の距離を決定する公式を導くための基本となる定理ですね。だから中学生のときに直角三角形の３辺の上に作れる正方形の関係だけではないことを知っているでしょう。もうちょっと君たちが大人になれば，ピタゴラスの定理が成立する世界は，歪んでいない世界であることを主張していることが分かります。これはちょっと高級な話になりますけれども，大学に行くとやるユークリッド空間と呼ばれる世界です。私たちが，普通，常識的に直線，平面，空間とか思っているものはみなユークリッド空間と呼ばれるものなんですが，そのユークリッド空間という世界の基本性質をピタゴラスの定理は的確に表現しているんです。

ピタゴラスの定理というと，中学校3年生では，3辺の上に正方形を描きますが，ピタゴラスの定理の内容でいえば，これらを全部正三角形に置き換えても一向に構いませんね。これでも分かるようにピタゴラスの定理一つとっても皆さんがよく知っている学校で習った形以上の内容をもっているわけです。この程度のことはこの高校の諸君ならば一瞬にして分かるでしょう。

そういう，より深い世界を理解するというのはTo see is to believe. とかSeeing is believing. とかっていうレベルではないと思います。知性によって初めて接近できる世界があるということです。逆にいえば見ることによってしか理解できない，そういう人々は物事を本当に理解しているとは言えない，ということですね。これは恐ろしい教えですよ。我々が見ているものとか，分かったと思っていること，それを無条件に信用しちゃいけないということだからです。

肉体の眼に頼らなければ，何に頼るのか。それは心の目，あるいは精神の目，つまり論理です。論理は英語では logic といいますが，logic という単語の元になるギリシャ語はロゴスです。ロゴスという語には実は，「言葉」という意味もあって，論理と言葉というのは語源は全く同じ言葉なんです。言葉を持つということは論理を持つということであって，そのために数学の言葉，極めて普遍的な人類が全ての人が共有できる言葉，それが青年たちにとって大切であるということだと思うんですね。

もう少しだけ数学的な話

まだ皆さんに数学の話，ほんのピタゴラス音階くらいしか具体例としてやっていないんですが，先ほど非ユークリッド幾何，ユークリッド空間の話をしたのでちょっとその話をしましょう。君たちは中学校で三角形の内角の和を習いましたよね。内角の和はどれくらいですか？　180° ですね。今は180° というのが一般的ですね。私たちの頃はこれは 2 直角と習いました。90° が直角なんですから，同じじゃないかと言われればそうなんですが，ちょっと論理的には違うんですが，それは良いことにしましょう。三角形の内角の和は180° とすると，n 角形内角の総和，これを求める公式があるのは有名ですね。いろはですか。どうですか，君。

生徒１：「$180\times(n-2)$」

そうですか？　そうなんですか。よくこんな公式を覚えていますね。たぶん君たちは何角形を，１つの頂点を通って得る n 角形を対角線で分けてやる。そうすると $n-2$ 個の三角形に分けられる。というふうに証明するか，１点をとって，その１点と n 角形の頂点を結んでやると，n 個の小さな三角形ができて，その n 個の三角形の内角の総和に１点の回りの１周分の４直角分を引くとこういう式になる，とこんな証明で習っていると思うんですね。でも，これは，僕に言わせるとちょっとおかしい。

外角の総和の公式を知っていますか？　え？　君は知らない？　だったら君は？　え，不安がある？　なんで不安なの？隣が不安だったから？　不安が伝染した？　困ったことだ！

いろんな証明がありますが，教科書的にいうと，内角に対して外角というのは内角と外角を足すとちょうど２直角になるから，n 個頂点があると，それぞれの頂点での内角と外角の和である180°が全部で n 個できる。この値から内角の和を引いてやれば外角の和として４頂角，360°という公式が出てくる。こういう証明が普及しています。

しかしおかしいですね。内角に関する定理と外角に関する定理，どっちが美しい？　どうですか？　君？

生徒2：「外角の総和！」

そう，こちらのほうがダントツに美しいでしょう。nとか入っている式はダサいですよ。だって外角の総和はnに無関係に360°。画期的だと思いませんか？　すごい定理ですよ。むしろこちらを使って内角の和の公式を証明するほうがよっぽどいい。

しかし，「外角の和＝360°」は証明できるのか？　実は直観的なレベルの証明は一瞬なんですよ。ここのところに鉛筆があったと思ってください。この鉛筆が外角１，２，３，４，５，６，７…と少しずつ回転したとする。すると，１周して元に戻るわけですね。だから外角の和は１回転分です。実に単純です。

このように美しい定理には，本質的な理由が必ず隠されているんです。だからこの外角の性質を内角の性質から証明するのでは，その美しさが伝わってきませんね。

ところで，分かりますか。この外角の和がぐーっと回ったときに２直角であるというのはどうしてか。それはこの多角形が描かれている平面が真平らだからなんですよ。実は三角形の内角の和が２直角という主張は私たちの平面が真平らであるという主張と対応しているんです。例えば，私たちの住んでいる地球，私たちは真平らだと思っていますが，実は平面というよりは球面に近いんですね。福島はこの辺にある，東京はこの辺にある。福島と東京，直線で結ぼうとする。こうやって結ぼうとするとトンネルを掘らないといけなくなりますね，地面の下に。そんなことは余程，お金をかけないとできませんから，我々はちょうど飛行機で飛行するように，その２地点を結ぶ最短経路を考えるわけです。言ってみれば，紐を結んで引っ張って，一番短い経路，それを直線と考えているわけですね。本当は地球の外から見れば曲がっているかもしれませんが，人間から見ればまっすぐぴしっといっていると思うわけです。球面の世界に生きている人にとって，直線とは球面上の２点を結ぶ最短経路であり，また，球面の中心を通るそういう平面で球面を切ったときに，切り口としてできる大円です。

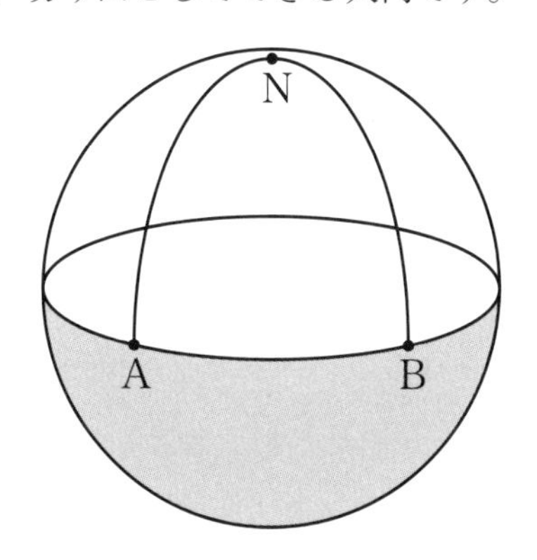

球面上の２点 A，B，球面の中心を含む平面で球面を切ってやると，切り口としてできるのが大円です。平面に描くと，本来は円なのですが，斜めから見ているので楕円になっているわけです。

ちなみに私の好きな脱線ネタで，「三日月お月さん」の絵をロマンティックな気分で細い円弧を組み合わせて，皆さん気楽に描きますね。この図を作る曲線が何でできているかというと，実は円と楕円なんです。太陽に照らされているところと照らされていないところの境界は月のちょうど半分を示す大円なんですね。ですから，実は上の図のアミ目部分のように三日月は円と楕円でできているんです。以上の話は脱線です。

実は地球という空間の中に閉じ込められている人間にとって，直線というのはこのような2点を結ぶ最短経路であるとすると，さて，北極点Nがあったとしますね。Nを通る大円を経線といいます。話を簡単にするために，赤道上に2地点A，Bが，Aが東経0度，Bが東経90度にあるとします。そうすると，北極NからみてA，Bに向かう2直線は，北極点Nでみると直交しているわけですね。一方が，東経0度の経線，他方が，東経90度の経線ですが，赤道はすべての経線と直交しますからAからBを見ると真東に向かう赤道は，東経0°の経線，東経90°の経線それぞれとなす角は90°ですね。このようにN，A，Bのような球面上の3点を結ぶ直線で作られる図形を球面三角形というのですが，この三角形NABにおいては内角の和は3直角となっています。例えば球面三角形の場合には，3つの内角の和が2直角から大きい方向にずれるという現象は，与えられた球面で三角形が大きくなればなるほどズレが大きくなっていくことが知られています。内角の和が一定というふうに言えないわけです。内角の和がそもそも2直角でないということは，この三角形NABが，いわゆる我々の考えている平べったい平面の上に乗っていない。だから，北極でこう書いていると，回転する。たくさん回転するので，外角の和も2直角ではもはやない。そういうことになるわけです。

数学を通して実感できる「成長」

このようにちょっとこれはただの数学の話にすぎないわけですが，我々が住んでいる常識に思っている世界を我々の想像の力で超える，ということによって我々は今まで体験したことのないものを“見る”ことができるということですね。

体験したことがないことを見るという経験を通じて，我々は何を得るんでしょう？　第一に強調したいのは，それは我々が謙虚になる，ということです。我々には分からないことはいっぱいある。私たちはまだまだ知らないことがいっぱいある。まだまだ知らなければいけないことがたくさんあって，言い換えれば，まだまだたくさん知るべきことがある。これは人生の生きる希望ですね。もう何もやることがなくなったら生きていても仕様がない。私は爺になってももうちょっとやりたいことがある。それはまだまだやりたいこと，やらなければならないこと，そういうのがあるからです。数学を通して諸君が一番学ばなければならないことは，諸君がまだまだ勉強しなければいけないことがたくさんあるということです。自分たちの知らないことはまだいくらでもある。

でも，自分たちは小学校のころに比べると随分賢くなった。中学のときよりさらに賢くなった。高校１年になったらさらに賢くなった。２年生になったら，１年のときなんてあのころの俺は微積分も知らなかったけれど，今は微積分のすごさが分かる！と，また自信をもつことができる。こういうふうな成長の実感とますます謙虚でなければならないということを見出す。そのための修業として，数学はたぶん一番役に立つんだと思うんです。

諸君の中には，数学をやっていないと入試で失敗するぞとかそういうことを考えている人がいるかもしれませんが，数学をやっていても入試に失敗するときは失敗するし，成功する人は成功するし，あんまり関係ないと私は思います。それよりも，受験というものを君たちの中で重圧に感じている人がいるならば，勉強を好きになっていくほうがずっといいと思いますね。勉強を嫌々やっているくらいだったら，止めたほうがいい。勉強を止めたら絶対やりたくなりますね。ごはんなんかだって，お母さんが食べろ食べろというから面倒くせえなあとか思うわけです。風呂も入れ入れと言われるから。「もう，あんた風呂に入らなくていいよ，ご飯も食べなくていいよ」と言われたら絶対君たちだって，風呂に入りご飯も食べたくなるに違いない。勉強も同じ。しなくなればしなくてはおれない，そういうふうになります。

《良い数学》と出会い，よく考えること

そして勉強に本当に飢えて勉強が楽しい，勉強ができる自分は幸せであるというふうに思って勉強すれば，例えば，高校3年間程度の勉強であれば，1年で十分ですよ，はっきりいって。1年で足りない人は本当は勉強していないだけ。それは勉強もどきをしている。本当の勉強というのは，脂汗が流れるほど集中し，ひもじさを忘れるくらい集中するものです。そのくらいの勉強をすれば，難しいといわれる数学でも本当にせいぜい1年。みんな数学が難しいと思うのは，数学を勉強するということが何をすることなのかを知らないからなんですよね。本当に楽しんで数学の勉強をやったことがないんじゃないかと思うんです。テニスだってフォームが下手だったらうまくならないし，歌だって歌の練習をしなければどうしようもない。それにはやっぱり好きになることが一番大切です。では，好きになるためにはどうしたらいいか。たぶんそれは君たちのファイナルクエスチョンでしょう。好きになる秘訣。それはいい数学と

出会うことですね。考えるに値する問題と格闘することですね。私はよく学生に「『ローマの休日』を見ろ」と言うんですね。本当に打ち震えるほど感動するという美女に出会ってみろ，と。そうすれば，くだらない恋とかなんとか言わなくなるから。僕はオードリー・ヘップバーンの『ローマの休日』に出会うように，数学の良い問題に出会ってそこで諸君が格闘する。オードリー・ヘップバーンはそれは高嶺の花，俺たちには無理だとそういうふうにすぐ言う人がいますが，それはだめ。彼女だってやがて私のほうを向いてくれるかもしれない，そういう希望をもって頑張るんだよ。男の子は。女の子もだよ。本当に。俺はそもそも無理とかそういうふうに言ったらおしまい。本当に私と同じようなことをやっていた奴だって，本当に大歌手になったりしているわけですから。自分で希望をし続けていれば何でもできるかもしれない。

私も“Anything is possible.”という言い方は若干無責任かと思う。なんでもできる。でもやっぱり望まない限りはなにもできないよね。君たちがもし数学が好きになりたいと思ったら良い問題に出会って格闘することですね。

良い問題ってどうして分かるんだ？　ってそういう質問が出るかもしれない。でもそれは映画を見てどの女優が美しいって思うか，この映画をみれば絶対美しい女優に出会えるよという映画のアドバイスができないのと同じように，それは私もできません。でも美に対する感覚，あるいは味覚に対する感覚，あるいは正邪に対する感覚，それはすごく大切だと思いますね。そしてそれは決して肉体の眼で見るということだけではなくて，心の目，精神の目で見る。それが一番大切だと思います。

数学の核心＝見えないものへの憧憬

数学は，君たちに，その心の目で見るという経験を提供する科目だと思います。もちろん，他の科目も学問とつくものはみんなそういうものを若者に与えようとしているんだと思いますけど，他の学問ではいわゆる知識の部分がかなり大きなウェートを占めてしまうんですね。数学の場合は知識がなくてもいいんですね。なにも知らなくてもいい。大げさにいえば。考えさえすればいい。それはなぜか。人間の持つべき知性の普遍性です。知識ではなくて数学の言語，それを獲得することによって諸君が invisible な世界，目に見ることができない世界，それに接近することができる，私は期待しています。

サン＝テグジュペリの『星の王子様』（原題は『小さな王子様』），という有名な絵本がありますがそこにとても美しいフランス語で書かれていることばですが，日本語に訳すと「とても大切なものは目にみえない。」目に見えないと分からないかというとそんなことはない。目に見えなくても分かる。それは心の目があるからですね。心の目という言い方が宗教めいていて嫌な人は，知性の目とか頭脳の目とか言ってもいいです。でも私は心の目という表現を好みます。

　私からみなさんにお話ししようと思ったのはとりあえずこんなところでしょうか。

第5章

三角関数という発想

前章と同趣旨の講演ですが，ここでは，「好き嫌いがはっきりしている」といわれている三角関数を主題として，学校数学の標準的なものとは少し異なる，しかしより本質的なアプローチで迫る経験の場を提供しようとしたものであり，いわば，大学の立場から見た高校数学の一例です。

三角関数は，三角比としては，学校数学の主題の中でもっとも長い歴史をもつ実用的数学であり，しかし，18世紀に本格化する『解析学』という新数学の中で理論的にも自然現象の解析にももっとも大きな重要性をもつ奥行きと幅広さをもつ大切な理論の重要な入門なのですが，教科書で扱われる素材は，互いの関連の見えにくい，膨大な数の公式の羅列の姿を示しているため，なかなか正しく理解してもらいにくい主題です。

この扱いにくい主題を，ごく短い時間で，知識の定着ではなく，理論的な意味の理解を通じて見通し良く整理してみたい，という挑戦をしてみたいと思いました。

三角関数は好き？／嫌い？

あまりに立派なご紹介で，僕はこれでいつ葬式になってもいいなと思ってしまいますが，最後のご挨拶は今ご紹介下さった先生にお願いしようと決心しました。いまご紹介いただいたのは，ある意味で僕の若い頃からの生き方を最も良く，嘘がない範囲で脚色してくれたものだったと思いますけれども，僕は今年の夏に胃がんというのが見つかりまして，その手術をしたわけですね。一昔前，二昔前ですと，それはほとんど死の宣告でありましたので，こんなところで授業をするなんてことは考えられない，そういうことであったかもしれませんが，幸い医療技術の進歩もありまして，このようにみなさんの前でお話することができるようになりました。このようなことがこれからも何年も続けられるとも思えないので，先程，遭遇という言葉が話題となっていましたが，これは自分の実力で人に巡り合う訳ではない，世間の人は「運」といいますが，何か天の采配によって実現するものだと思うんです。この遭遇と並んでみなさんにぜひ心に留めておいてほしい良く言われる言葉は茶道「一期一会」という言葉です。すべての出会いが，一生で人生最後の出会いと思って，その出会いに心を込めて向かえという教えですね。同じ出会いがもう一度似たような形で，あるいはちょっと違った場面であるのではないかと期待してはいけない。それで一回こっきり，最後の出会いなんだということです。

僕はここ数年毎年クリスマスの時期にここに呼んでいただいているので，考えてみると，毎年毎年いろんな若い人と接することができているのですが，学年が毎年違うので，君たちにとっても，僕にとっても，出会うのは一期一会です。

三角比，三角関数の難しさ(1)
―― 定義の間接性

三角関数というと，あの三角かという人が多いのではないでしょうか。正直に答えてください。三角関数が大好きな人，手を挙げて。

みんな：「…」

１人もいないのか……。では，三角関数が大嫌いな人は？

生徒１：(手を挙げる)

１人だけ。では，君は？　好きでも嫌いでもない？　そういうのは女の子に好かれないタイプだぞ！（笑)。やっぱり男の子で意見がはっきりしないのは……。では，君は三角関数はどう？

生徒２：「ふつう。」

生徒３：「可もなく不可もなく。」

それは最低野郎の解答だな（笑)。人生の出会い，不可だらけだっていいじゃない。１つでも可があればいいんだよ。君たち，なんで可もなく不可もなくなんて，そんな人生つまらない生き方をしているんですか？　可もなく不可もなくというのは，スーパーの安売りで最後に売れ残った賞味期限の品物のようです。閉店間際，捨てるもの，もったいないが，売れることもない，そういうのを可もなく不可もなくと言うんです。不可がないのは悪くないけれど可がないというのはどうしようもない。

君たち，絶対，これから18歳になったら「可もなく不可もなく」なんて言っちゃだめだよ。俺は，不可が多いかもしれないけれども，実は可はおろか，良も優もちょっとある。そういうふうなタイプに女の子，男の子もぐっとくるのではないかな。

君はどうですか？

生徒４：「大好きです！」

なんと，三角関数が何で好きなんですか?!　君はもしかすると女の子だったら誰でも好きっ！　ていうタイプの人？　こういうやつも最低ですよね（笑）。誰でも好きなんて平気で言う奴は……。人類博愛主義者というのかな，僕の友人にもいました。女の子は97パーセント美人，と主張するんですよ。なんで97パーセントなのかというと，全女性を知らないから，危険率を見込んで，というのです。あきれますね（笑）。

数学の単元の中で一番好きなのは何？

生徒５：「整数論」

整数論が一番好き!?　なんで??

生徒５：「美しいから。」

整数の話題には一つ一つの問題にみんな個性があるからね。個性がある問題が好き，容易に自分の思いどおりにならないのが好きだという。君は，きっといつか素敵な女性と巡り合うでしょう。やっぱり整数問題が好きだというのはとても良いと思います。でも少し偏っているね。こういう人はしばしばだいたい不幸な人生を生きる……。では，次に君は？

生徒６：「嫌いです。」

「三角関数は嫌い！」ですか？

生徒６：「大嫌いです。」

何で大嫌いなのかな，公式が多いから？

生徒６：「そうですね。」

確かに，皆さんが使っている教科書や参考書には「重要公式」がやたらに多いですね。実は僕は今日みなさんにお話しする最初の全体的テーマは「この人類最古の知恵の蓄積に現代ではかえって感動できない人々がたくさんいるのはなぜか？」。三角関数はものすごく古くからあるものなんですよ。古代の建築，TV 海外ドキュメンタリーですらピラミッドの謎とかをしきりにやっている。君たちはそういうのを見たりするでしょ？

わー，すごい！　と言って感心したような気になる。でも，なぜあれが，あんな古代人たちが可能にしたんですか。宇宙人から学んだんだ，なんて空想的なことを言う人がよくいるんだけれども，そんなに，高度に洗練された建造物を可能にしたのは数学以外のなにものでもないはずです。確かに高度な数学はあったんです。その数学と技術がどう結びついたかという詳細は，もちろん謎に包まれています。しかし，あの時期に相当なレベルの高度な数学があったことは，あの建築物が明らかに証明していると思いますが，我々の文化の中で最も古い根源をもつ数学は，数を数える話と，測量するという話です。後者は，今の日本では，三角関数，昔は三角比と言っていましたが，人類最古の知恵の一つなんです。しかし僕は最初に三角関数は「難しい」んだと言いました。その「難しい」というときに「」（カギカッコ）がついているのはある意味で本当に難しいんだけれども，実は多くの人は表面的な難しさに躓いているだけで，本当の難しさに出会っているわけではない，という趣旨です。この表面的な難しさに躓く理由は，三角関数の難しさの核心が分かっていないからです。

その原因を一言でいえば，数学教育の伝統。これがろくでもない。今まで僕たちは5000年くらい三角比と付き合ってきた。長い長い歴史があるものほど，実は教育は腐るんですね。たとえば，20世紀に生まれた数学なんかはすごく折り目正しくすっきりと勉強できる。でも伝統的な数学は，歴史の，言ってみれば「手あか」にまみれていますからその分だけやっかいなんです。さらに，数学についての根本的な誤解が現代の若者の中にある。この2つの相乗効果でもって三角関数は難しくなっているんだということです。

まず，表面的な難しさについてお話しましょう。まず，名称が異様ですよね。正弦，余弦，正接って，一体なんなのか。正と余という修飾がまず分からないし，また弦がどこにあるのか，さっぱり分からないですよね。そもそも三角形，直角三角形にさえ３辺がある。３辺があるのに，３辺の間の比で３個の中の２個を取る。その３個の中の２個を取るというのは，たとえば直角三角形でこの角をθとしましょう。辺をa，b，cとしたとき，辺は３つあるんです。$\{a,\ b,\ c\}$。その中でたとえば$\dfrac{c}{a}$，これが$\sin\theta$と表される。θというのは$\dfrac{b}{a}$，$\dfrac{c}{b}$は$\tan\theta$と名前ができている。おかしいですよね？　だって，３個の中から２個取って比を考えるとすれば，その組み合わせは？

生徒７：「３」

バカたれ！　僕が組み合わせと言ってしまったから，僕の質問が悪かったので，正しいです。それでは３個の中から２個とる順列の数は？

生徒７：「６通り」

その通りです。これは分子と分母を区別しないといけないから，順列で考えないといけないので６通りあるんですよ。６通りあるのになぜ数学の教科書では３通りしかやらない？　おかしいでしょ。最初からおかしい。

実は，sin，cos，tanと言いますけれども，この他にsec（セカント），cosec（コセカント），cot（コタンジェント），こういう３つがあって，全部で６個あるんですね。しかし，これらはやらない。なんでやらないのか。今の高校生にこういうのは難しいから，心優しき文科省が考えて，君たちからこの情報を奪っている。僕たちの時代はありました。高校生の常識でした。３個の中から２個取ると言って教えないのはおかしい。でも，実は $\sec\theta$ というのは $\dfrac{1}{\sin\theta}$ だし，$\mathrm{cosec}\,\theta$ は $\dfrac{1}{\cos\theta}$ だし，$\cot\theta$ というのは $\dfrac{1}{\tan\theta}$ なので，いちいちそういうのを考えても意味が乏しいからやめようということですね。

それでは，残ったその他３つ，つまり，sin，cos，tan には意味があるのか。というと，実は厳密には意味がないんですよね。直角三角形というのは，直角の１つの角が決まると，３辺の長さ $a:b:c$ の比 $a:b:c$ は1つに決まるわけですから，$\dfrac{b}{a}$，$\dfrac{a}{c}$，$\dfrac{c}{b}$ このうち１個が決まれば残りの２つは決まるに決まっているわけです。通じてる？　直角三角形だから三平方の定理で，３辺のうち２辺の長さが決まれば，第３の辺の長さが決まるでしょ。

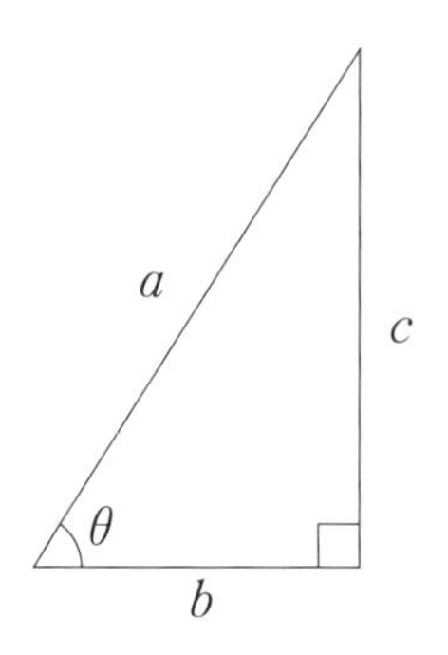

そういうようなことで，たとえば，図で $\tan\theta = \dfrac{c}{b}$ を利用すると $\cos\theta = \dfrac{b}{a}$ を決めることができるでしょ。これについては $\cos^2\theta = \dfrac{1}{1+\tan^2\theta}$ という有名な公式もありますね。$\tan\theta$ から $\cos\theta$ が決まれば，$\cos^2\theta + \sin^2\theta = 1$ によって $\sin\theta$ を決めることができる。というわけで，実は三角比に関して3個やっていますが，sin，cos，tan の3個も必要ないんです。なんでわざわざ3個も勉強するのか。それは，今に至る5000年の歴史なんです。これらの3個はいろんな意味で，昔の人は3つとも勉強して悪くない，そういうものだったんですね。今，現代であれば，この3個をやることはないでしょう。

僕は子供のころは tan が好きでした。tan だけでいいじゃないかと，僕は高校2年生のころは思った。教科書に書いてあることはおかしい。余計なことを教えている，そう思っていました。

しかし今，この歳になると，1つを選ぶとしたら cos かなと思っています。ともかく三角比，三角関数には，そもそも実は歴史的な手あかがついているわけですね。ちなみに，cosec，cot は余割，余接と書くようです。これらは覚える必要は全然ありません。今の学校教育の体系には，言ってみれば教える側の都合が反映して，論理的にできているわけではない，ということをもう少しはっきり分かったほうがいいと思います。

三角比，三角関数の難しさ（2）
—— 奇妙な関数記号

この他に，三角比，三角関数には，まだやっかいなことがある。まず第一は θ というギリシャ文字です。theta です。th sound なんてほとんどの日本人は発音できませんから［シータ］と言っていますよね。シータっていうのは sh の発音ですよね。それだったら全然 θ という文字じゃない。本当は thing とか think の時と同じように発音しないといけない。th sound を持たないドイツ人は「テータ」と発音します。大学数学にはテータ関数というのが登場します。単に θ 関数なんですが，その分野の人たちはドイツ語的に発音するので，みんなテータ関数と言っていますが，日本は良いくらいです。ギリシャ文字は他にもいっぱいあって，α，β，γ，δ，ε，ζ，τ，…そして君たちがよく知っているラテンアルファベットの p に相等する π，その後に ρ，これはアルファベットの r に当る文字ですね。σ，τ，υ，χ…と続くわけですが，数学で通常使うのはほんの一握りのギリシャ文字だけです。なんでこんなところで，“カッコつける”のか，非常におかしいと思うんです。

実はこれらのギリシャ文字にそれぞれ固有の意味を持たせた教育が大学以上で展開されるので，ギリシャ文字を勉強すること自体は悪くないんですが，困ったことにギリシャ文字をきちんと習ったことのない今の学生たちは，ギリシャ文字γとラテン文字rの区別がつかない。結構いるんです。

さらに異様なのは，三角関数の記号です。そもそも関数記号としては$f(x)$というのが基本でした。変数θの関数だというなら$f(\theta)$と書くのが普通ですよね。そのf，1文字の代わりに「sin」と3文字で表している。しかもそれを「サイン」と読む。“sine”と書くならば「サイン」でしょうが，英語を勉強している君たちだったら知っていると思いますが，「シン」ですよね。“罪”です。ラテン語の“sinus”から来て英語ではsineと昔は書いたんです。それが現在はsinと略されている。略称である“sin”を「サイン」と読ませるのは，元々の言葉を知らない高校生にとっては英語の発音にも合致していないので，不可解でしょう。

そもそもなぜ，3文字の記号を使うか，なぜこれをもっと簡単に$s(\theta)$と表してくれないのか，この方がぐっと良いじゃないかと僕なんかは思うんですが，昔からの伝統で，sinという“罪深い表現”をするわけです。

また，関数記号ですから，その後当然カッコがないといけないのに，$\sin(\theta)$とか$\cos(\alpha)$とカッコを使って表すことは稀ですね。

しかも，最近は筆記体を書けない人がいるから，ｓｉｎ θと書くので，こうなるともう連続した4文字ですよ。こんなでたらめな記号になってしまうのは，長い歴史と文化を背負っているからです。

三角比，三角関数の難しさ(3)
―― 奇妙な伝統

もっとひどいのは，$\sin^2 x$ という記号法です。たとえば $\sin^2 x$ の意図する意味のことですね。しかしそれを $\sin^2 x$ としてしまっている。僕たちは普通，$f^2(x)$ と表すときは，$f(f(x))$，これは高校3年生にならないと勉強しないかもしれませんが，意味は分かると思います。f という関数を2回括り直して使う。これは「関数の合成」という考え方で，本来は，この記号を書いたら，$\sin(\sin x)$ となるわけですね。実はちょっと脱線するのですが，僕は，実は現役の大学教員時代に1回出してやろうと思ってずっと取っていながら採点の手間などを考えて出さなかった問題は次のようなものでした。

【問題】

$y=\sin x$ のグラフは次のようになります。（よく知られた平凡なグラフを与える。つまり一番の基本は，問題文の中で教える。）このグラフをもとにして，$y=\sin(\sin x)$ のグラフを描きなさい。

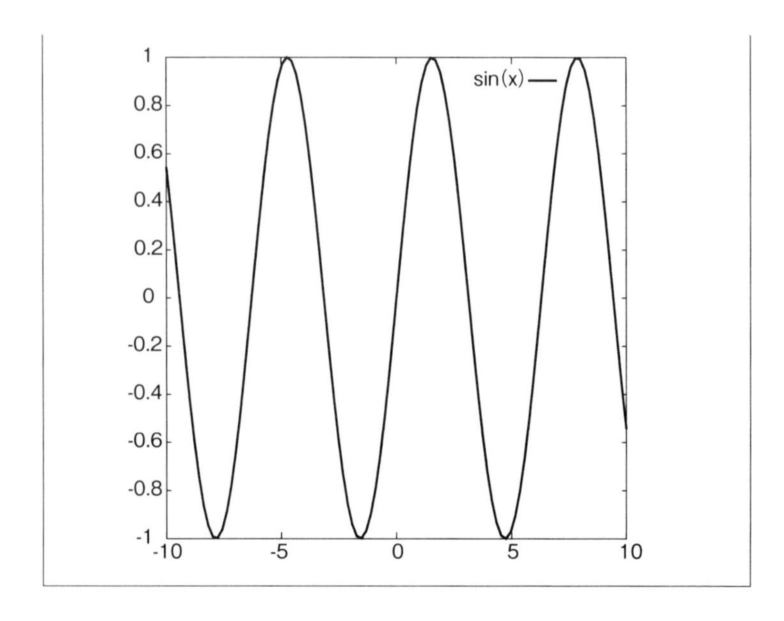

これは結構良い問題で，僕が東大の教員であれば絶対出題したと思うんです。なぜかというと，これは採点者が十分な力量をもって採点できることが大前提で，機械的な採点基準は通用しないけれど，面白い問題なんです。これはどういうふうになるのかな。皆さんは $\sin x$ のグラフというと，それを振動とか，振幅とか，周期とか，…を考えるものはたくさんやりますね。だけれど，単に，sin を二重に合わせた関数のグラフという話題はほとんど勉強していないと思います。時間に余裕がある人は本当は自分で考えてほしいんですが，$t=\sin x$ のグラフから，この関数が $x=0$ を出発して $x=2\pi$ になるまでに，0から1まで増加し，1から－1まで減少し，そして，－1から元の0に

戻る，という動きを繰り返すわけですね。すると，$y=\sin t$ は，0から sin1まで増加し，sin1から sin(－1)＝－sin1まで減少し，そして－sin1から0に戻るわけですから，およそ次のようになります。

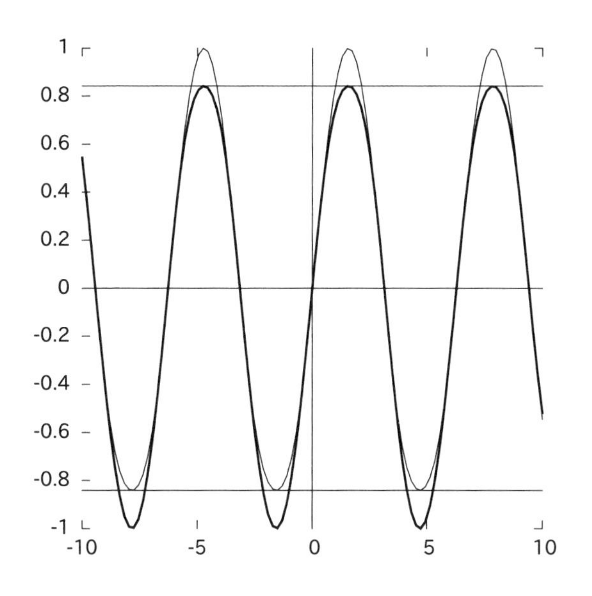

ところで，日本では $\sin x$ と書くときに「(」と「)」で x を括ることなく書くのが一般的です。外国では，さすがにこれはまずいので，$\sin(x)$ のように表すことが標準になっているという国もあります。でも，日本ではこういうふうに書くと異様だと思われてしまう。日本の習慣は数学的には決して正当ではないんですけれども，昔からの歴史の重みだと，そういうふうに理解して許してあげる以外に仕方がないんですね。こういう

ふうに三角比，三角関数には記法に関して数学的に考えて筋が悪い，というか，一貫性を欠いているという問題があります。

三角比，三角関数の難しさ(4)
―― 繁雑な公式群

その上，次に出てくるのは先ほどの誰かが言った公式がやたらに登場してくる，という問題です。なかには，ひどく複雑な，覚えにくいものがある。

［a］余角公式

$$\sin\left(\frac{\pi}{2}-x\right)=\cos x,\quad \cos\left(\frac{\pi}{2}-x\right)=\sin x,\quad \tan\left(\frac{\pi}{2}-x\right)=\cot x$$

［b］補角公式

$$\sin(\pi-x)=\sin x,\quad \cos(\pi-x)=-\cos x,\quad \tan(\pi-x)=-\tan x$$

［c］周期性

$$\sin(x+2\pi)=\sin x,\quad \cos(x+2\pi)=\cos x,\quad \tan(x+\pi)=\tan x$$

［d］半周期性

$$\sin(x+\pi)=-\sin x, \cos(x+\pi)=-\cos x, \tan\left(x+\frac{\pi}{2}\right)=-\frac{1}{\tan x}$$

［e］負角公式

$$\sin(-x)=-\sin x,\quad \cos(-x)=\cos x,\quad \tan(-x)=-\tan x$$

こういう公式があり，これらと並んで正弦定理と言われる公式がある。これらの公式は最近は学校数学的には１年生の科目の中で勉強することになっていて，三角関数の流れの中で勉強するということは今はないと思うんですが，こんな公式がずらずらと並んでいるだけで，ものすごく難しそうに見えてしまう。

［ f ］正弦定理

$$\frac{a}{\sin A}=\frac{b}{\sin B}=\frac{c}{\sin C}=2R$$

［ g ］第一余弦定理

$$a=b\cos C+c\cos B$$

$$b=c\cos A+a\cos C$$

$$c=a\cos B+b\cos A$$

［ h ］第二余弦定理

$$a^2=b^2+c^2-2bc\cos A$$

$$b^2=c^2+a^2-2ca\cos B$$

$$c^2=a^2+b^2-2ab\cos C$$

ここに挙げた第一余弦定理はひょっとするとみなさんは勉強していないかもしれません。皆さんがよく知っているのは，その次の第二余弦定理というものかもしれません。いずれにしても，こんなものをいちいち暗記する必要はありません。どれか

1つから，他の2つは直ちに導かれるからです。

三角形ABCと書くときは，3つの頂点A，B，Cで作られる形式から，ローマン体（あるいは立体）と呼ばれるフォントが用いられます。他方，イタリック体でAと書いたときは∠Aの大きさを表すという無言の約束があります。頂点を表すときにはローマン体で書く。そういう字体の違いがある。だから，正弦定理に現れる分母の$\sin A$，$\sin B$，$\sin C$のA，B，Cはちゃんとイタリック体になっているんですね。そんな違いがあることは，僕は大学に入るまでは知りませんでしたけれども，それはともかく，角A，角B，角Cの対辺の長さをa，b，cとすると，

$$\frac{a}{\sin \mathrm{A}}=2R$$

という関係が成り立つなら，直ちに

$$\frac{b}{\sin \mathrm{B}}=2R,$$

$$\frac{c}{\sin \mathrm{C}}=2R$$

が成り立つことは明らかです。

また，角Aを挟む辺の長さb，cとAと，の間に作られる式$b^2+c^2-2bc\cos \mathrm{A}$，これが角Aの対辺の長さ$a$の2乗$a^2$に等しい。これが余弦定理だというならば，他の2つは直ちに導かれます。これ1つだけだったらば，意味が分かるんですよ

ね。なんで3個書かないといけないと思うのでしょうね。ひどくつまらない公式定義と感じます。これは三角形 ABC において，頂点 B，C，A と書き直し，対応する辺の長さを b，c，a とそれぞれ置けば，次の公式は直ちに導かれます。第3の公式も同様です。

直ちに言えることは直ちに分かる，という意味ではありません。考える隙もなく分かるということが分かるためには，しっかりと考えないといけない。これが数学の面白い点です。

このように正弦定理や余弦定理も煩雑な公式に映ると思いますが，ちょっと意味を考えれば煩雑でもなんでもないということです。第一余弦定理についても同様です。これは2角夾辺の合同定理みたいなものですね。

三角比，三角関数の難しさ(5)
—— 三角比と三角関数の違いを理解する難しさ

［ i ］弧度法という角の単位

もう一つ，三角関数に関して多くの生徒諸君が混乱しているのは，三角関数に入って，冒頭に出てくる弧度法です。

$$180^\circ = \pi \text{ ラジアン}$$

$$1 \text{ ラジアン} = \frac{180^\circ}{\pi}$$

それまでは360度で１回転，180度だったら半回転で，ちょうど正反対の向きと覚えていたのが，$\frac{\pi}{2}$とかπとかわけの分からないのが出てくる。教科書には必ず，僕の参考書でもそうですけれども，

180度＝πラジアン

と書いてあるんですよ。逆に，１ラジアン＝$\frac{180}{\pi}$度，そういうふうに書いてある「親切な」本もあるでしょう。こうすると，角度が従来の「度（°）」からラジアンという新しい単位に換算されると誤解する人がいるようですよね。要するに，「角度に命名するのに度数法というシステムがあり，もう一つには弧度法というシステムがある」というふうにほとんどの人が誤解しているのではないでしょうか。だから，弧度法を勉強しても“180度＝πラジアン”，この公式を覚えることしか関心がわかないんだと思うんです。“180度＝πラジアン”，これは初学者が弧度法に親しむため換算公式として有効なこともありますが，ラジアンというのは決して換算された新しい角の単位としてではなくて，これは理論的に不可欠な意味があるんです。ラジアンじゃなかったら角じゃないくらい，大事なものなんです。そのことをみなさんは必ずしも理解していないのではないかと思います。それについては後でちょっと触れましょう。

三角比，三角関数の難しさ(6)
—— 加法定理という無限に続く公式

次いでに加法定理。

［ j ］加法定理

$$\sin(\alpha+\beta)=\sin\alpha\cos\beta+\cos\alpha\sin\beta$$

$$\sin(\alpha-\beta)=\sin\alpha\cos\beta-\cos\alpha\sin\beta$$

$$\cos(\alpha+\beta)=\cos\alpha\cos\beta-\sin\alpha\sin\beta$$

$$\cos(\alpha-\beta)=\cos\alpha\cos\beta+\sin\alpha\sin\beta$$

この公式4つが大事な公式だと丸暗記する人，多いですよね。僕もそういう指導を経験しました。しかし，実は1つを覚えていると，他の3つは前に述べた余角公式や負角公式を用いて，その1つから次々と出てくるから，1つだけきちっと覚えればいいのですが，意味が分からないと，こんなのを覚えるのは苦痛じゃないですか？　第一，加法定理というのに，どこに加法があるんですか？　2番目は $\alpha-\beta$ という減法じゃないですか。3番目の $\cos(\alpha+\beta)$ では＋になっているのに，右辺の方は引き算になっています。加法定理という言葉がなんかぴんとこないと思いますね。

しかし，負角公式とか余角公式が使える人なら，1つの公式から他のものは直ちに導くことができるわけです。たとえば，一番上から２番目，これはβを$-\beta$で置き換えるだけです。$\cos(-\beta)$ や $\sin(-\beta)$がどうなるかというだけの話で，それは負角公式の事実ですね。いま導いた加法定理，第２式でαを$\frac{\pi}{\beta}-\alpha$ と置き換えると，左辺は$\sin\left(\frac{\pi}{2}-\alpha-\beta\right)$ すなわち$\cos(\alpha+\beta)$となり，他方，右辺は

$\sin\left(\frac{\pi}{2}-\alpha\right)\cos\beta - \cos\left(\frac{\pi}{2}-\alpha\right)\sin\beta$であるので，余角公式を用いれば

$$\cos\alpha\cos\beta - \sin\alpha\sin\beta$$

となって，３番目の公式が導かれます。ここでβを$-\beta$に置き換えれば４番目の公式が出てくる，というわけです。それが分かっていれば，こんなのはいちいちゴシック体にならって暗唱するような必要はまったくないですね。

$$\tan(\alpha+\beta)=\frac{\tan\alpha+\tan\beta}{1-\tan\alpha\tan\beta}$$

$$\tan(\alpha-\beta)=\frac{\tan\alpha-\tan\beta}{1+\tan\alpha\tan\beta}$$

tanの式を覚える必要がないということは，皆さんよくご存知の通りで，sinとcosの定理が分かっていれば，それの分子，分母を$\cos\alpha\cos\beta$で割ることによってtanの加法定理は直ちに出てくるということは，学生諸君には常識でありましょう。

しかし，これはこのように常識で覚える必要がないというふうに書いてある教科書はほとんどない。困ったことに，みんなゴシック体なんだよね（本書では……の四角で囲んでいます）。

昔，僕が子供のころは，ゴシック体というのは最小限に使われていました。数学はすべて大切なんだから特に重要なポイントを子供たちが赤線を引いたりするのは良いとして，教科書会社がゴシック体になっている必要は全くない。そのように言われたものでありましたが，最近は教科書が率先して重要公式，しかも会社によってはそれを枠囲みで強調する，というところも出てきました。

三角比，三角関数の難しさ(7)
―― 意味の分かりにくい単振動の合成

さらに三角関数の公式の中でみなさんにとって一番厄介なのは，単振動の合成といわれるものでありましょう。

［k］単振動の合成公式

a，$b>0$ のとき $a\sin x+b\cos x=\sqrt{a^2+b^2}\sin(x+\alpha)$，

ただし $\tan\alpha=\dfrac{b}{a}$

a，$b>0$ のとき $a\sin x-b\cos x=\sqrt{a^2+b^2}\sin(x-\alpha)$，

ただし $\tan\alpha=\dfrac{b}{a}$

a，$b>0$ のとき $a\cos x+b\sin x=\sqrt{a^2+b^2}\cos(x-\alpha)$,

ただし $\tan\alpha=\dfrac{b}{a}$

a，$b>0$ のとき $a\cos x-b\sin x=\sqrt{a^2+b^2}\cos(x+\alpha)$,

ただし $\tan\alpha=\dfrac{b}{a}$

こんなふうに，またゴシック体で書かれています。

a，b を正の数とすると，$a\sin x+b\cos x$，$a\sin x-b\cos x$，$a\cos x+b\sin x$，$a\cos x-b\sin x$ それぞれ合成の仕方は微妙にちょっと違ってくるので，それをこういうふうに書かれるのですが，これが一体何を意味するのか，何のためにこの合成をやらなければいけないのか，こういう根本的なことを理解している人は非常に少ないんじゃないかと思います。そんな人が決まって言うのは「三角関数は公式を覚えるのが大変だ」です。$\sin x+\cos x$ は合成するとどうなるか，言えますか？

生徒8：「$1\cdot\sin x+1\cdot\cos x$ ですから $\sqrt{2}\left(\sin x+\dfrac{\pi}{4}\right)$，$\dfrac{\pi}{4}$ ずらす」

ちゃんと言えましたね。完璧ですね。基礎が良くできています。

ところで，それは一体何を意味するのか分かっていますか？なんで単振動の合成というのでしょう？　最近の教科書では単振動という物理を連想させる表現を避けて三角関数の合成と書いてあるようですが，これは本当に良くないことで，本当は単振動の合成と書かないといけないんですね。

三角関数を加えただけですよね。三角関数を加えただけで，なんで合成っていうのだろう？　君は親の言うことには必ず「はい！」と従順に聞いて，「エーっ！」と親に立てついたりすることはないの？

生徒9：「あります。」

でしょう！　だったら数学を勉強するときに単なる和のことを，どうして合成と言うのか？って立てつかないの？　おかしい。「これは関数の合成じゃない。ただの三角関数の和じゃないですか？　$\sin x$ と $\cos x$ の和。なんで合成というのか？」と質問すべきです。

物理を勉強している人は分かると思いますが，２つの運動の和を考えることを合成するというのです。どういう運動になるか，ということを物理の人たちは運動の合成というふうに言うんです。三角関数というのは，単振動と呼ばれる最も基本的な振動，一般には，理想的な振り子運動です。振幅の極めて小さな振り子ですね。そういう $\sin x$ という振動と $\cos x$ という振動，この２つの振動，こういう波に乗って振動している人とこういうふうに位相がずれた波に乗っている人，２人の運動を合成したらどういう運動になるか。たとえば，$x=0$ のときは

$\sin x$ が 0 で，$\cos x$ は 1 ですから，両者を加えて 1，とこうなります。

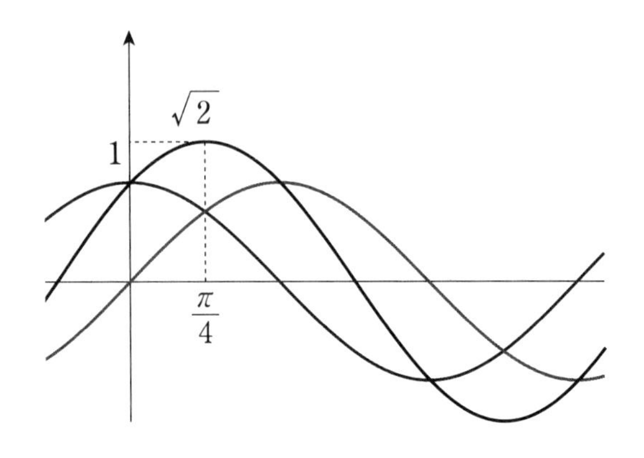

交点のところはそれぞれちょうどさっきの $\frac{\pi}{4}$ のところで，$\frac{1}{\sqrt{2}}$ を 2 つ足しますから $\sqrt{2}$，$x=\frac{\pi}{2}$ のときが $\sin x=1$ と $\cos x=0$。というわけで加えるとまた 1。x が $\frac{\pi}{2}$ を超えると，$\cos x$ が負になって $x=\frac{5}{4}\pi$ だと，$\sin x$ と $\cos x$ の値がちょうど打ち消し合って 0 になる。こんな具合に，いくつかの点を取っていくだけで，数学的にはちょっといい加減ですが，それらをなめらかにつなぐと，こういう波打つ運動になりそうだなということがちょっと予感できますね？　sin の運動と cos の運動を加え合わせてやる。そうしたらもっとめちゃめちゃ複雑な運動になりそうなのに，驚くべきことに実は振幅は違うけれど

も，周期が同じ波のグラフになる $\sin x$ と $\cos x$ は，両方とも周期は 2π ですから，$\sin x+\cos x$ も同じ周期をもつ波になる。ただし，振幅はもともとの $\sin x$，$\cos x$ それぞれ1だったんですけれども，今度は $\sqrt{2}$ の振幅をもつ。ちょっと大きなウェーブになる。この波の形は，元の $\sin x$ や $\cos x$ の波と同じような正弦曲線（サインカーブ）になる。

画期的だと思わない？　それが $\sin x+\cos x$ だけじゃなくても $\sqrt{2}\sin x+\cos x$ などです。同じようにやはり周期が 2π の三角関数の波が出てくる。そのことが簡単に説明できる。

それはなぜでしょう？　三角関数の合成の基本となる事実は何か。これ，言えたら，君に成績「優」をあげる。三角関数の合成はこの定理があるのでできる。

この定理とは？　加法定理？　そう，そのとおりなんだよ。単振動の合成は加法定理の応用に過ぎない。加法定理が分かっていれば単振動の合成は一瞬にして分かることなんですね。このあたりの具体的な話はみなさんの教科書や参考書や，あるいは学校の授業で勉強してください。加法定理に過ぎないからわざわざ教科書で一単元を設けるほど大袈裟な話ではないんだよ。でも，単振動の合成は，さらなる応用のためにとても大切なんですね。残念ながら，高校生の君たちは単振動の合成というのは，くだらない入試問題を解くためだけに使われると思ってしまいがちですが，これは実は奥深い話の，時間があればこれから話す話題のいわば，前座に過ぎない。後で時間がなかったら戻ってこられませんが，諸君が，自分の人生の中でいつかは出会いたい話題がある，ということを心に刻んでおいて下さい。

単振動の合成のための公式も4つも覚える必要は全然なくて，加法定理のどの公式にあてはめるか，というだけの話なんです。加法定理は本質的にみんな同じですから，どれにあてはめるべきか，こういう問題も解は1つでないのですが，時間の関係から君たち自身の勉強で補って下さい。

三角比，三角関数の難しさ(8)
―― 重要性が分かりにくい半角公式

それから三角関数では2倍角の公式というのがありますね。

[l] 2倍角の公式

$$\sin 2\alpha = 2\sin\alpha\cos\alpha,\quad \cos 2\alpha = \cos^2\alpha - \sin^2\alpha,$$

$$\tan 2\alpha = \frac{2\tan\alpha}{1-\tan^2\alpha}$$

[m] 3倍角の公式，4倍角の公式，5倍角の公式，etc.

2倍角の公式は，上のように $\sin 2\alpha$，$\cos 2\alpha$，$\tan 2\alpha$ という

順序で並ぶのがふつうなんですが，この公式の中で圧倒的に大切なのはどれかといったら，$\cos 2\alpha$ なんですね。なぜかというと，このままでは面白くないんです。でも，$\sin^2\alpha+\cos^2\alpha=1$ という関係があるおかげで，$\cos 2\alpha$ を $\cos\alpha$ の２次式として表すことができるんですね。結果はみなさんが良く知っている，$\cos 2\alpha=2\cos^2\alpha-1$ でも $\cos\alpha$ だけでも表せる。これが嬉しいですね。$\sin 2\alpha$，$\cos 2\alpha$ の公式の違いです。嬉しくないです？　それで，$\tan 2\alpha$ もまた $\tan\alpha$ だけで表せる。でも，$\tan 2\alpha$ で嬉しくないのは，分数式になってしまっているので，ちょっと扱いづらいのですね。

さらに２倍角の公式から出発して，３倍角の公式，４倍角の公式，５倍角の公式……，といろいろあって，三角関数の公式は無限にたくさんあるのです。僕も高校時代は３倍角の公式くらい，言えたと思いますが，今はそれさえ，ちょっと怪しくなりました。４倍角の公式，５倍角の公式になると，全く以て記憶にありません。しかし，この公式を作れと言われればそれはできます。それは，大きな数の足し算や掛け算ができると言われると，答えはすぐには出せないけれど，やがては出せるというのと同じで，こういうのは覚える必要がないということです。ということは，２倍角の公式だって３倍角の公式だって覚える必要はない。加法定理だって本当は覚える必要はないんです。

三角関数の難しさを克服する道
——加法定理の意味

加法定理に関しては，君たちが数学をよく分かっている人であれば，教科書には201ページに載っている

$$\cos(\alpha-\beta)=\cos\alpha\cos\beta+\sin\alpha\sin\beta$$

という公式だけは覚えてもらうと良いなと思います。

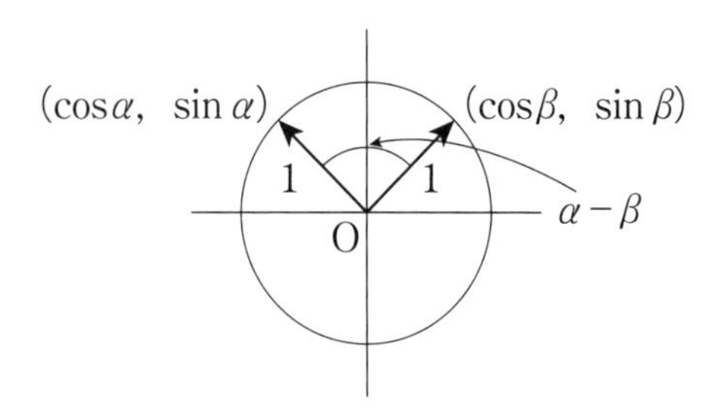

なぜかと言うとこの公式は，君たちがよく勉強する xy 平面で単位円を考えて，原点から角 α の回転角をもつ動径の点の座標というのが（$\cos\alpha$, $\sin\alpha$）ですね。同様に，β の動径上の点は（$\cos\beta$, $\sin\beta$）となるわけです。この２つの動径の挟む角が，この絵で言えば角 α の扇ですが，$\alpha-\beta$ になりますが，もし逆だったら $\beta-\alpha$ もあり，あるいは，より一般にこれらに $2n\pi$（nはある整数）を加えたものになるわけです。単位円の動径の長さは両方とも１ですね。原点Ｏから２点に向かう２つのベクトルの内積を考えると，長さはともに１ですね。ですか

ら，内積は $\cos(\alpha-\beta)$ と表されるわけですね。他方，その内積として，$\cos\alpha\cos\beta+\sin\alpha\sin\beta$ が，ベクトルの成分で表現すると，x 成分の積，y 成分の積，極めて自然で誰でもが納得できる公式になっているんです。そういうことが分かると，こういうものを覚えていた自分が本当に愚かであったなと思いませんか？　どうですか？　どこが分からない？　早すぎる？　確かに早すぎるかもね。

なぜかというと，僕は意図的に早くしているんですね。君たちが全員この場で分かったら，君たちは家に帰って勉強しないでしょ。君たちが家に帰って勉強するときが本当の勉強です。この場にいるときは勉強じゃない。勉強に参加するための準備。授業は言ってみればラジオで朝6：30にやる１日の準備体操のようなものなんです。そういうふうに思ってもらえればと思います。１日の出発点を作る。家に帰ってからが本当の勝負なんです。

三角関数の公式など，無数にあるものをいちいち覚えて何か意味があるかどうか。覚える必要など，そもそもないんだと君たちに言いたい。もし覚えないとならないことがあるとすれば，それぞれの公式どうしの関係や，それぞれの公式が持つ意味です。僕は加法定理として４番目に登場する公式を，例えばベクトルの内積の基本公式だと説明しました。そういう意味を理解することができれば，この２つのベクトルを $\vec{u}$，$\vec{v}$ の内積をそれぞれのベクトルの長さの積×なす角の余弦の積として表したものであり，他方の辺は，それぞれのベクトルの x 成分同士の積，y 成分同士の積を作ってその和を考えたものである。平面ベクトルの内積には2つの定義がありますが，その2つの定義が4番目に登場する加法定理の等式で表現されているという意味です。

そういう意味を理解することには時間をかけてほしいなと思います。こういう数学の夥しい数の公式を機械的に覚えて何のためになるのか僕は分からないんですけれども，特に真面目な公式を必死に覚える女の子たちに言いたい。そんなことに努力を無駄遣いして何になるのでしょうか？

勉強に関する『都市伝説』(1)

［1］記憶力を鍛える⁉

記憶術はある。しかし，記憶する能力はそもそも，鍛えられるか？　そもそも記憶力は，どういう場面で有効で，どういう場面は無効か？

真面目な女の子たちは正に真面目だから，必死になって覚えるんですね。紙にまとめて書いてそれを持ち歩いて暗記する。そういう女子の存在を僕は何度か見てきましたが，忍耐心を鍛えるためには役に立つかもしれませんが，それ以外には役立たないでしょう。

僕は子どものころから記憶することが苦手な方だったので，「記憶術」関係本はずいぶん読みました。記憶術の世界チャンピョンになっている人たちの記憶術というのも，僕が勉強していたものと全く同じ技法だと思います。無意味そうなものの間にも何かに関連づけて覚える。できるだけ多くのことを瞬間的に覚えるという方法です。数学であれば，そんな無茶な関連付けをしなくても，自然に関連付けられるので，記憶術がいりません。論理的な体系である学問には，記憶術がほとんど適用しないのです。

そもそも記憶力が大切だと思っている人がいるようですけれども，本当にそうなのでしょうか。確かに同窓会に行くとびっくりすることがあります。「あのときにだれだれ君が～して……。」そういうことを言われると僕なんかは全然，それこそ名前も忘れていますから，本当にたいしたものだなあと，記憶力が良い人というのはいるんだなあと思いますけれども，僕は記憶力が乏しいことによって，学問でハンディキャップを負うかというと，決してそんなことはありません。記憶の良い人は尊敬されるというより煙たがられるくらいで，僕のように，忘却力が優れていることも人生では特に歳をとってくるとよっぽど大切。

逆に，福島の若い人に言いたいんですが福島の子たちは中央政権に据り寄り過ぎなのではありませんか。たとえば，君たちは東大に行きたいとか思っているでしょう？　いいよ，東大に行って。だって，それなりに良い大学だと思うから。「やっぱり勉強するんだったら東大！」それ自身は間違っていないかもしれない。しかし，君たちは，白虎隊の恨みを覚えていないの？　郷土の先輩の恨み，忘れちゃだめだよね。本当に，“維新政府，許すまじ。”僕はそのほうが好きだなあ。君たち，もし東大に落ちた時，１年くらいは白虎隊の気持ちになって，人生を考える。そうすると来年はきっと受かる。そういうふうに人生を仕切り直すのもいい。いきなり「薩長」に尻尾を振るようなことは名誉なことではないと思います。

次に，これを不即不離の関係に立つもう一つの都市伝説を取り上げてみましょう。

勉強に関する『都市伝説』(2)

［2］公式を覚えていれば問題が解ける⁉

（参考）「英単語の記憶量が英語読解，英作文の鍵である」という，《いまだ島国の日本社会》，自己暗示＝自己欺瞞が罷り通る，馬鹿げた田舎心理

［3］忍耐心を養う⁉

「若い頃の苦労は，いくらしてもしたりない」のは正しいかも知れないが，無意味な苦労，不条理なことへの屈服は，僕(しもべ)としての従順さを養い，個人の誇りや批判的精神を喪わせるだけ。

最近はこう考える人が多いですね。たくさん覚えていれば何とかなるという考え方です。これの根拠になっているのは，英単語の記憶量が英作文や英文読解の鍵であるという考え方です。「僕，ボキャ貧，つまり，……，ボキャブラリーが貧困だから英語ができない」と思い込んでいる人が結構多いんですね。

残念ながら，貧困なのは君のボキャブラリーではなく，君の英語体験なんです。

英語で語られたものをきちんと理解するためには，ボキャブラリーももちろん大切ですけれども，豊富な英文例と遭遇したときにやっと理解したとか，そのときの苦労とか，そういう知的な経験です。

日本人でも，早くも明治期に，海外で活躍した人，あるいは昭和初期に活躍した日本政府の要人たちは，決して外国人と同じように流麗にしゃべることができたというわけではありませんでした。しかしながら，そういう英語を介してであってもそういう日本人は，国際的にとても尊敬されていたと言います。

それは単なる英会話能力でなく英作文とか英文読解をきちっとやって磨かれた力をもっていたからです。

今，アメリカの映画を見て英語を聞いていると，文法的には間違いだらけですよね。文法的には，僕らも日本語をしゃべっているときにほとんど間違いだらけですよね。特に，今の若い人たちが話す日本語はほとんどでたらめではないですか？「これ，やばいおいしい」何を言っているか分からないですね。そもそも文法的に正統的でない。「おいしい」という形容詞を修飾する語句は副詞でないといけない。「やばい」というのは，「やばかろう」，「やばからかった」，……と活用するわけで「おいしい」と同様形容詞なんですね。形容詞が2個連続するのは日本語として正しくないんです。形容詞を重ねるときは，「美しく青い芝」のように言うのが正しい。「美しき青きドナウ」という表現もありますね。

でも，もう日常生活では奇妙な日本語が圧倒的ですね。「レシートはよろしいでしょうか？」「1万円札からでだいじょうぶでしょうか？」……コンビニでよく使われる変な日本語がありますけれども，やはり正しくないですね。でも，「意味は通じている」と言ってよい英語でしょう。アメリカの映画を見ていたら，言葉が乱れているのは日本だけじゃないということが良く分かります。その乱れている英語ばかりを聴いて「アメリカでは“My name is Nagaoka.”こんな言い方はしない」という英語教師がいることを耳にします。何を言っているんでしょうかね。向こうの無教養の人たちに合わせてどうするんですか？　日本の，たとえば「やばいおいしい」という，そんな最新の日本語を教える日本語教室で，日本語を習ったらとんでもないですよね。

外国人いわゆるネイティブ・スピーカーに習うことの１つの弊害を象徴的に述べたんですが，これと同様な素人的な問題に，英語を理解するためには，ボキャブラリーが豊富になれば良いという間違いが遍(あまね)く浸透しているように思います。

これと同じように，数学も公式を覚えれば良い。数学公式集とか，僕，たまたま昨日電車で見かけたのですが，『センターのための数Ⅰ・A』のような本をとても一生懸命に勉強している読者がいました。へぇーと感心して覗き込んだら，公式を一生懸命覚えているんです。諳(そら)んじようとしているんです。それを見て，「残念ながら，お前はもう終わっている」って宣告してやりたかったんですが，余計なお世話かな，宣告するのは親の仕事かなと思って，僕は敢えてしませんでした。でもやっぱり，そんなことでは数学ができるようになるはずはないと思います。センター試験でさえ攻略できるはずもないわけです。

そしてもう一つ，［３］ですが，これはよく言う先生がいる。「若い時の苦労はいくらでもし足りない。」ある意味で正しい面があるかもしれないと思います。僕も若いころはいろんなことをやって苦労してきました。しかし，無意味な苦労，不条理なことへの苦痛が若者を成長させたりすることは絶対ない。若者の忍耐心を養うのではなく，それは奴隷としての，僕(しもべ)としての従順さを養うことになるだけだと思います。そして個人としての誇りとか批判的な精神，それを崩壊させるだけではないかと思います。

この部屋のあのあたり（後ろの方）に座っているのは，君達より少し年輩で，実は僕の教えた学生達なんですが，どちらが師で，どちらが弟子か分かりません。というのは，彼らから数学教育にはこんなに奥深いものがあるのかと，そういうことを悟ったので，残った人生を平凡に見える数学教育の本当の難しさを解明することに捧げることにしました。たとえば，例の1つではありますが，三角関数に関して，今日はみなさんにいろいろとお話してきましたが，このようなことって，教科書にも書かれていないし，意外に知られていないんじゃないでしょうか。実はこのようなことが分かるだけで，随分みなさんの勉強が大きく前進するに違いないと僕は期待しているんです。

勉強に関する『都市伝説』(3)

ちょっと区切りのいいところで，ちょっとばかり，この授業の意味をもうちょっとだけお付き合いください。

数学の定理や公式，そして個々の問題の解法を個別的に暗記するのは数学的にはそもそも不必要であるばかりか無意味!! したがって害毒!!! であることをお話ししましょう。

数学は本当に役に立つ

しかも全く無意味，数学的には。実力がつくわけでもない。したがって，これは無駄な努力なんだと。覚えれば覚えるほど，実は悪くなる。さきほど考えてくれた高校生は「三角関数は公式が多いから嫌だ」と言いましたが，その嫌だという気持ちを大切にしてください。公式が多い，そういうふうにたくさんの公式が出てくるのはちゃんとした背景があって，その背景となっている理論が分かると，表面に出てくる様々な公式を覚えなくても済む，裏のルートがあるということです。絶壁に見える山にも登る正しいルートをたどれば，克服できる。それを今日の教訓として覚えてほしい。困難がそのまま困難として立ちはだかっているわけじゃない。困難が見えたら，その困難を回避する知恵をみんなで絞らなければいけないということです。三角関数は，その知恵を最も簡単に絞りやすい単元だと思います。

もう一つ，最近の子供たちは偉そうに「数学の勉強して，何の役に立つのか？」と質問するそうです。

三角関数ほど，身近な生活で役に立つものはないのですが，この有用性が理解できるためには，学校数学のレベルを超えた数学の理解が必要です。勉強も足りない君たちが，勉強すら不十分なまま何になるか分からないというふうに言うのはおこがましい，けしからん，若者らしくない！　そう思うのです。そもそも世の中には何の役に立つか分からないものはいっぱいある。そのほとんどすべてはその筋の専門家になって初めて分かるわけです。

君たちの中では，数学なんて，受験以外には関係ないと思っている人が多いようですが，数学はあらゆるところで役に立っている。僕は最近加齢のせいで眼の病気になりまして，眼底の断層写真というのを撮るんですね。その器具はものすごい機能で，技師さんが眼を「しっかり開いてください。」眼をとじないで1秒くらいですね。その間，僕の想像ですが，周波数の違うレーザー光線がものすごい速さで，上下にスキャンするわけです。そしてそのレーザー光線の反射波を拾って数学的な処理をする。すると，なんと，眼球の断面の写真が出てくるんです。もちろん立体的な映像も作られ，どうしてこんなことができるのかが，たぶん数学に疎い世間の人は分からないでしょう。お医者さんも知らないと思います。しかし，メディカルテクノロジーに携わる人にとっては，三角関数の基本的な応用であることは常識でしょう。波という物理現象をいかに人間のために利用するか，僕はたまたま眼科に行ったので，眼科の検査がすごくハイテクだということを知ったんですが，最近は消化器の外科にもかかりまして，その世界でも，内視鏡が従来とは全く違う技術を用いて，肉眼では見えないものを可視化している。専門家でないと具体的な最先端は知らないものですね。

そもそも，若い諸君は役に立つならばしっかりと勉強するのか？「僕は役に立つことだったらばどんな苦労もいといません。だから何の役に立つか教えてください。」と言うなら僕は教えてやります。しかし，その難しい勉強をする心構えもないくせに「何の役に立つんですか？」と聞かれると，「しゃらくせぇ！　お前なんか下がれ！」そんなふうに考えたくなってしまいます。何の役に立つか本当に知りたかったらまず勉強する，そういう気持ちを持てと言いたい。

三角関数の現代的な有用性，実用性について，最も分かり易いのは音波，電波，脳波，心電図，こういう波の解析ですね。君たちはまだこういうのには縁がないかもしれませんが，今，医療は大革命の進展する世界ですね。AI や将棋や碁，あるいは，自動運転が騒がれていますけれども，実は AI が最高によく適用される場面は医療です。

このような世の流れの中でも医者になろうという若者がいると思いますが，もう残念ながら平凡な「金の儲かる」医者の仕事はなくなります。血液や尿の化学的な検査データに基づいて，薬を処方して「では，お大事に！」などと言っている街のお医者さんのほとんどの職はなくなるんです。全部人工知能で診断されます。

しかも日本の医療は保険制度が破たんするのがはっきりしているわけですから，医療費を減らすためには医者の収入を減らす以外にない。そんなあたり前のことをなんで今の若者は分からないのか，僕は理解ができません。

三角関数がよく応用されるところは医療の他にいっぱいありますけれども，他にみなさんが最もよく使っているのは携帯電話でしょうか。音をデジタルで送受信するが，その際決定的に重要なのがAD変換，DA変換です。アナログ情報，デジタル情報を相互に変換するときにも使われているのは三角関数です。それだけでない。携帯電話は三角関数だらけといったほうがいいくらいなんです。この詳細を説明してと言われたらしますけれども，決してやさしくはないですから，その説明についてこれるだけの覚悟ができているならば，いつでも僕のところに来てください。

難しい勉強に向かうときの姿勢

そういう覚悟もできていない人間が，「これが君たちにとって勉強すべき最適な話題なんだよ」と僕らが与えたときに，

「あれ，先生。何かさっぱり分からない。」と言う。軽々しく偉そうに言うな，と言いたいですね。「こんな有難い教えを乞うことができるのはなんて幸せなんだ」「こんなに難しいことに人生で出会えたのは，たまたま自分の学力より高い環境に入ってしまった，天の采配によるに違いない」，この運命を不幸とは思わず，不運に耐えてそれを幸運に変えていきたいと思うくらいのことは言えなきゃだめですよ。日本の若者にもっともっと気合いと元気をもってほしい。

最後に言ったのは三角比，三角法，三角関数。三角法と三角関数の間には本質的に違いがあるというのをこれから話をするわけですが，それぞれに関しては準備がいる。三角法というのは，人類最古の知，これを勉強しないで，ピラミッド観光に行ってギザのピラミッドでけぇなあ，結構ギザギザしているなあ，というのではシャレにもならない。写真だけを撮って帰ってくる馬鹿な観光客もきっと多い。せっかくエジプトまで行って人類の英知のすごさに触れずに帰ってきちゃうのはあまりにももったいない。

でも，そのような実用的な三角法と言われていたものから，三角関数という理論的な深い世界が開かれていってからまだ約300年しか時間が経っていないんですね。三角関数という最もすごい考え方が僕たち人類の歴史の中に誕生するわけです。この後は三角関数がなぜ大切なのか，その話題を少し理論的な根拠から話します。

三角法の魅力

三角関数の決定的な魅力を語る前に，三角比の方法論的な強みについて話します。

三角比はなぜ使わなければならないか？　それは，線分の長さと角の関係を語るときに我々が使える唯一の手段が三角比だからなんです。

君たちは，図形と方程式で（解析幾何という名前で習ったのかは分からないけれど）x，y 座標を求め，距離公式，円の方程式などを求めてきましたね。しかし角に関する定理は君たちは解析幾何でほとんどやっていない。

実は，解析幾何で角度を扱おうとしても絶望的なんです。しかるに角に関する話はいっぱいあります。たとえば，三角比を使ってこその結果ですが，正弦定理，余弦定理，加法定理などいっぱいあります。先ほど説明した正弦定理ですが，これは結局，円周角が一定だということなんです。ところが，円周角一定というのはどうやって説明するのか？　解析幾何で証明するには本当に大変です。

他方，これは，小学校，中学校でやった初等幾何というものの威力なんだ。中心角を考えてどの円周角も中心角の２分の１

であることを使えば円周角が一定であることを一瞬にして証明できる。初等幾何の証明の代わりに計算で示すというのが解析幾何学である。しかし，解析幾何的に計算でやろうとするとき，我々は三角関数を媒介として初めて出来るということを知るべきです。

角度に関する入試問題は昔から夥しく出ていて，今年のセンターの新テストでも銅像を建てるとかいろんなくだらない設定で出題されているんだが，台座があって影像を地上の公園にいる人が見込む角をある一定の角度の範囲に保つようにするには，この影像，台座と観察者の距離をどのように設定すべきかという問題がよくあります。こういう角度を論じようとすると，三角関数を使わなければどうしようもないんです。

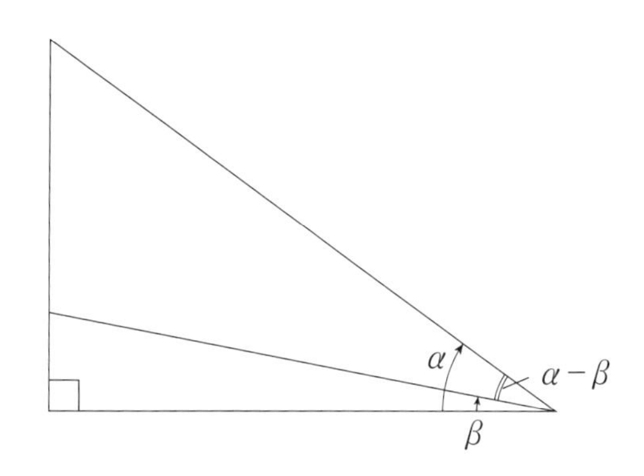

この角度をα，この角度をβとすると，銅像を見込む角は$\alpha-\beta$となって，この差の角を扱うには色々な方法があるが，扱いやすいのはtanとcosだけなんですね。だが，この場合に

はtanの加法定理を使うのが手筋です。なぜかというと，$\tan\alpha$，$\tan\beta$がともに簡単に表されるから（tanの加法定理を使って）簡単に解ける。これを解法のテクニックという人もいるが，実はcosの加法定理を使っても解ける。

しかし，基本的には，三角関数は何を使っても出来るんだ。ただし，sinはろくでもない。なぜかというと，sinの加法定理にはその右辺にsinもcosも現れる。cosの加法定理もそれは同じだが，ベクトルの内積や余弦定理など別の手段が控えている。それに対してsinにはそういうものがないので，やはりcosの方がいいんです。cosかtanを使えというのは僕の時代からの有名な話題でありまして，参考書にもこういった問題にはtanを使えと書いてあるが，それに従うのが悔しくて何とかcosでも出来ないかどうか自分で考えたら出来ることが分かった。参考書に書いてあることは決して文字通りの意味では正しくないことが分かった，そういう経験は楽しい思い出です。

次に加法定理を利用した三角比，三角関数の好きなだけ精密な近似に移ります。これは理論的にも実用的にもとても大切です。半角公式，$\cos^2\dfrac{\theta}{2}=\dfrac{1+\tan\theta}{2}$，この威力です。これを使うと，

$$\cos\frac{\pi}{6},\ \cos\frac{\pi}{12},\ \cos\frac{\pi}{24},\ \cdots,\ \cos\frac{\pi}{192},\ \cdots$$

の厳密な値が簡単に分かる。実際

$$\cos\frac{\pi}{6}=\frac{\sqrt{3}}{2}$$

から出発して

$$\cos\frac{\pi}{12}=\sqrt{\frac{1+\frac{\sqrt{3}}{2}}{2}}$$

諸君は「二重根号を外す」問題をたくさんやっているでしょうが，二重根号が簡単になるのは例外中の例外ですから。でも，いくら複雑でも気にしないようにしましょう。

そして，

$$\cos\frac{\pi}{24}=\sqrt{\frac{1+\sqrt{\frac{1+\frac{\sqrt{3}}{2}}{2}}}{2}}$$

同様に

$$\cos\frac{\pi}{48}=\sqrt{\frac{1+\sqrt{\frac{1+\sqrt{\frac{1+\frac{\sqrt{3}}{2}}{2}}}{2}}}{2}}$$

$$\cdots\cdots$$

$$\cdots\cdots$$

$$\cos\frac{\pi}{192}=\cdots=?$$

数学では計算は違ってもストーリが合っていればいい。計算と数学は違う（笑）。

学校数学では $\frac{\pi}{6}$, $\frac{\pi}{3}$, $\frac{\pi}{4}$…とかのみ強調するが，これは短い時間で高校生でも簡単に計算できるのはこういう角度であるという話であって，いくらでも時間かけても良い，あるいはコンピュータを使って計算して良いってことになったら，どんな角度であっても，その三角比は計算できるってことです。君たちがふだん使っている携帯電話に入っている電卓アプリでさえ sin，cos は計算できますね。それは sin，cos を計算するアルゴリズムがあるからです。そのアルゴリズムについては，232ページ三角関数の３倍角の公式でやるんですけど，その前にラジアンという思想を説明しなければならない。

ラジアンという思想 —— 無次元量としての角

諸君の多くは，ラジアンは角度についてのもう１つの単位量と思っているかもしれないが，角度という概念は，長さとか広さ，大きさ，つまり面積，体積と同じように，角の大きさ「度」も次元をもつ量だと思われていた。つまり昔は，角度という特別の量だと思われていたんですね。しかし，そうではないという点が重要です。ここに半径１の円を描きます。この円の弧の長さでもってそれを弧とする扇形の中心角を表そうというのが弧度法の考え方です。半径1ではなくても半径を r としたときの扇形の弧長を l とすると，$\dfrac{l}{r}$ という比でもって角の大きさの指標としてやろうという考え方です。それで，長さを長さで割るわけですから角度は無次元なんですね。次元をもたない数そのものというか量そのものです。角度は，長さ，面積，体積のような量と違った，物理的な次元をもたない無次元の量なのです。

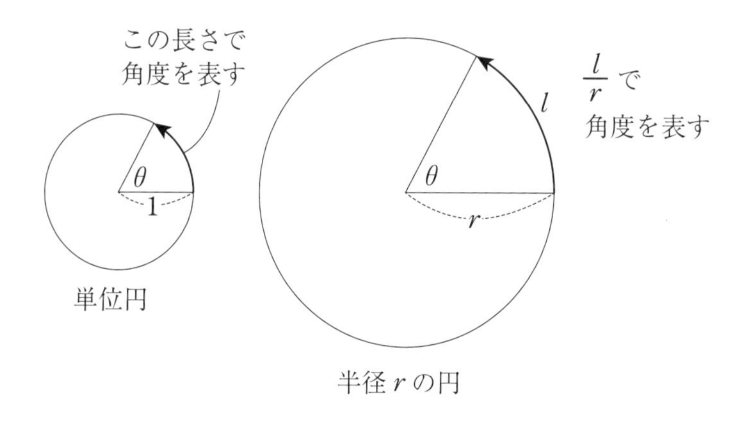

これがラジアンの思想です。すごいと思わない？　角の大きさというのは，大きさと言いながら次元をもたない量そのものなんだよ。

ふつうは長さと面積って違う次元ですよね。ところで，長さと広さって全く関係ないことを知ってますか？　小さな土地で周囲が無限に長いってそういう土地があるんですね。ギザギザギザってのに囲まれた土地。数学では無限に長い周の中に有限の面積が閉じ込められているような例を簡単に作ることが出来る。長さと面積は全く関係ないってことです。

長さにも面積にも全く関係ない，量そのものっていうのは，高校になって初めて出会う概念です。小中学校で，長さは物差し，体積は升とかで測りましたよね。高校になって初めてそういう物理量から独立したわけです。これは人間としての独立宣言ですよ。$\dfrac{l}{r}$ってもので角の大きさを表しちゃおうってことですから。ラジアンを習ったということは，360°とかやっていた古き良き時代の人たちから離れて独立したってことだからね。僕たちは5000年の歴史的遺産から切り替えて近代人の世界に入ったってことだから。角を無次元の量としてとらえることによって初めて我々は三角関数を考えることができるようになったわけです。

三角関数 $y = \sin x$，$y = \cos x$ のこの x というのを度数法だと思って，横軸に90°とか180°とか目盛りを振ってグラフは描けると思っている人がいるけど冗談じゃない。そんなことしたら y は何になるんだって。実は，三角関数というのは，高校生になって初めて出会う本格的な関数。数から数への対応なんです。

たとえば，$y=x^2$という二次関数なんかは，1辺$x$cm，yが正方形の面積でcm^{2}というように次元をもって考えることは出来る。中学生はまだ，気の毒なことに昔の世界に生きてるんだね。ところが高校2年生になると，昔と離別して量そのものを扱うようになるんだ。で，xって何ですか？　量としか言いようがない。だからこそ，量と量の対応として$y=x^2$も，新しい視点から考えることが出来る。

指数関数，対数関数に関しても同じです。よく，対数関数を教えるときに，$y=\log_{10}x$を$x=10$mとか，100m進んでもyは1m，2mしか上がらないっていうふうに教える人がいるんですけど，対数に関してもそういう長さのような次元を考えてはいけない。無次元の量の間の対応なんです。そういうちょっと大人の世界に入ったんですよ，君たちは。素晴らしいと思いませんか。これは家に帰って一杯つけてもらってもいい，それくらい感動的なことなんですよ。三角関数，指数関数，対数関数を習って，初めて大人の仲間入りするんだよ。

さて，波という物理現象を記述するときの基本スキームは，

$$y=A\sin 2\pi\left(\frac{t}{T}-\frac{x}{\lambda}\right)=A\sin 2\pi\left(\omega t-\frac{x}{\lambda}\right)$$

こんなふうに物理の教科書には書かれています。ここで，y，A，x，λは長さです。Tは周期ですから時間の次元。角速度

ω は $\dfrac{1}{時間}$ という次元。ですから，sin の中の式にはいろんな物理次元の量が入っていますが，ちょうど次元が打ち消しあって無次元になっているわけです。無次元にならなかったら sin という表現ができないってことです。物理の人たちが何でこんな複雑な形で表しているかというと，実は，無次元化するためのテクニックなんです。物理の扱い方は極めて正当的です。こういう式が複雑でよく分からない人がいるんだけど，それは分かっていないからあたり前。勉強すればだれでも分かる。ラジアンという無次元の量にしなければいけないってことは，物理では絶対的な要請ですが，それは数学を用いてこそ実現できた栄光なんです。

さて，こういう無次元の量が分かるといろんな良いことがある。三倍角の公式は，$\sin\theta$ が $\dfrac{\sin\theta}{3}$ に関する 3 次関数で表すことができる。さらに $\dfrac{\sin\theta}{3}$ が $\dfrac{\sin\theta}{3^2}$ の 3 次関数で表され，というようにすると，$\sin\theta$ は $\dfrac{\sin\theta}{9}$ の多項式で表されるということになります。次数は大分高いですけど。

$$\sin\theta = 3\sin\frac{\theta}{3} - 4\sin^3\frac{\theta}{3}$$

$$= 3\left(3\sin\frac{\theta}{3^2} - 4\sin^3\frac{\theta}{3^2}\right) - 4\left(3\sin\frac{\theta}{3^2} - 4\sin^3\frac{\theta}{3^2}\right)^3$$

$$= \cdots$$

実は，この計算は時間があったら僕も正しく出来るという野心があったんですが，その野心を追及するためのヒマな時間が今はない（笑）。

三角関数は近似しやすい！

さて，θが極めて小さい微小の時，微小の時とはどういうときかというと，微小って言っても，１ラジアンが小さいっていう人もいるかもしれないし，1000分の１ラジアンでないとだめだという人もいるかもしれない。しかしこれらはいい加減に聞こえるかもしれないけど，もっともっと小さくなると，θが極めて小さい微小の時$\sin\theta$はθみたいなもの

$$\sin\theta \fallingdotseq \theta$$

という大定理がある。これは高校３年生になって理科系の数学Ⅲという科目を学んだ人だけが初めの方でやるものなんですが，実はこの内容はほとんど高校２年生の数学で出て来ているんです。それは，皆さんが$y=\sin x$のグラフを描くときにこういうふうに描きますが，この周期と振幅をどのような気分で書くかというと，教科書には皆，このsin曲線の原点における接線の傾きが１となるように描かれています。

その理由は実はこの大定理にあって，$\sin\theta$がθで近似できるってことは，$\sin x$はxで近似できるってことで，曲線が

$y=\sin x$ で直線が $y=x$ なんですけども，こういうふうに見ると全然違って思うかもしれないが，原点の付近だけ拡大してやると，2つの曲線と直線は分かち難く接している。$\sin x$ は x みたいなものですが，x とまったく変わらないかというとわずかにずれている。

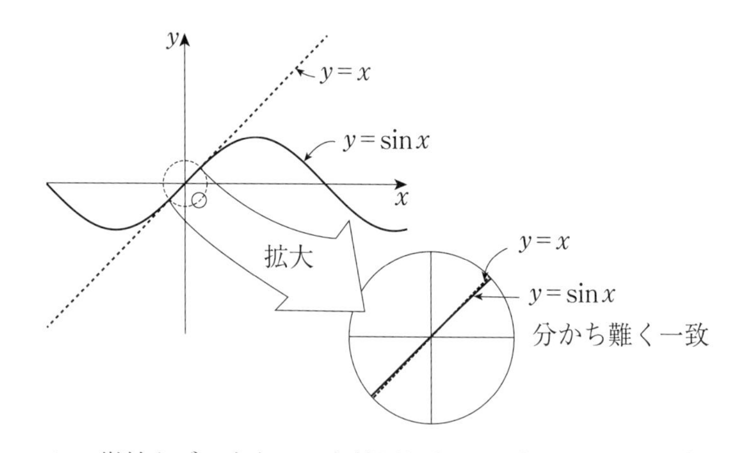

この微妙なズレをちょっと補正したいのだが，これは計算すると分かることですが，$\frac{x^3}{6}$ という項をつけてやるととっても補正が良くなるのですね。これをやると，例えば $x=0.1$ なんかを入れても殆ど両辺に差がない。さらに多くの電卓が実装しているのは $\frac{x^5}{120}$ の項までくっつけている。もうここまでやると，$x=0.1$ を入れても両辺の差は有効数字の範囲の中に入ってきません。

$$\sin x \fallingdotseq x - \frac{x^3}{6} + \frac{x^5}{120}$$

これは本当にいい近似で，$\sin x$ は三角関数だぞ，なんて偉そうに言っていますけど，x が微小のときは所詮５次関数みたいなもんなんです。このような近似はさらに無限次元までやっていくことが出来るので，$\sin x$ を考えたときに，もし x が次元を持っていたら，こちら１次元だし，こっちは３次元だしここまでなら５次元だし……ってなってどんどん次元が変わっていくから，足したり引いたりということそのものに意味がなくなるんですね。でもそういうふうに意味のなくなることがない，なぜならば x は無次元だから。ラジアンというのはすごいことで，このすごい世界に高校生くらいの若さで突入できたというのは現代の教育の有難い恩恵ですよ。こんな知恵に人類が到達するのに我々は何千年もかかった。こんな何千年もかかったことに15，16歳で到達できたってことに，君たちは親や先生に感謝しなければいけない。すごいことなんです。そう思いません？　後でゆっくり感謝の時間を取ってください。

三角関数の特異な性質

次に三角関数の不思議について，話しましょう。

（1） 1：1でも単調でもない関数

三角関数は，1：1でも単調でもない関数の自然な例の1つです。1：1の関数っていうのは諸君には難しい表現かも知れないが，次のようなものです。関数$f(x)$が1：1であるとは

$$f(x_1)=f(x_2) \xRightarrow{\text{こちらの方向が成り立つかが問題}} x_1=x_2$$

これが言えるかってことなんですが，これの逆方向が成り立つことは自明で，どんな関数についても成り立つ。ところがこの向き（⇒）が成り立つかどうかは疑問なんです。

これは面白いことに，多くの子供たちが成り立つと思い込んでしまってますね。$f(x_1)=f(x_2)$ の両辺をfで約分して $x_1=x_2$ というふうに約分してもいいと思っている。なぜかというと，⇒という矢印が無条件に成り立つと信じてしまっているからです。しかし，世の中甘くなくて，これが成り立たないっていうのは2次関数でさえそうであって，2次関数$f(x)=x^2$の場合でも皆さん良く知っているように，

$$x_1^2=x_2^2 \quad \Rightarrow \quad x_1=x_2$$

が成り立たないっていうのは高校1年生でも簡単にわかる事実ですね。x_1 と x_2 はもしかしたら符号が違うかもしれない。しかし，この場合は x_1 と x_2 は違ったとしてもせいぜい符号が違うだけだから大したことはない。

しかし，三角関数ははるかに豊かな多様性を持ってるんで

す。その多様性について説明する前に，君たちが習っている指数・対数方程式という単元の例題は，いかに下らないかという簡単な例を挙げよう。例えば，

$$\log_2 x = 3 \quad となる\, x\, は \quad x = 2^3 = 8$$

と出来るわけです。これは右辺の3を$\log_2 2^3$と書き換えると$\log_2 x = \log_2 2^3$を解け，というだけであって，それが

$$x = 2^3$$

と導かれることが分かります。どんなに複雑にしようとも，所詮対数方程式とか指数方程式はみんなこれであって，例えば

$$2^x = 8 \quad を解いて \quad x = 3$$

と出すだけですからアホな話なんですよ。つまり

$$f(x) = f(\alpha)\ から\ x = \alpha$$

とやってるだけですから，難しい意味は何もないんですよ，分かります？　両辺のfを約してるだけで，ちょっと難しく見えるから戸惑うだけであって何も面白いことやってない。通じる？　そして，対数関数やるときは真数条件とか底の条件とかうるさいこと言う先生がいるようですが，ここでは言いません。あまり悪口には踏み込まないことにして，真数条件，底の条件は大切ですよ，ってことにしておきましょう。

指数方程式，対数方程式について話しましたけど，指数不等式，対数不等式も同じことです。例えば，

$$2^x > 8 \Leftrightarrow \quad 2^x > 2^3 \Leftrightarrow \quad x > 3$$

これは，$f(x)>f(\alpha)$ から $x>\alpha$ を導いてよいか？　ということなんですが，一般の f については言えないことです。このような性質が言えることを，f は単調増加の関数だというふうに言います。f が単調増加というのは，

$$f(x_1)>f(x_2) \Rightarrow x_1>x_2$$

逆向きの⇐も成り立つので単調増加であれば，$f(x_1)>f(x_2)$ と $x_1>x_2$ は同値です。もちろん x_1，x_2 が f の定義域に入ってさえいれば，ですけれどね。

単調増加であれは，先ほどの1：1の関数であるときと同じように，両辺の f を省けるわけです。単調減少だったら，$f(x_1)>(x_2) \Rightarrow x_1<x_2$ のように符号の向きが逆転するだけですから簡単です。

何も面白くない。つまり，指数・対数方程式は一見やっかいなんですけど実はたいした話ではないんです。

ところが，三角関数に関してはこういうことが成り立たないわけですね。

（2）周期性を持った実質的に唯一の関数

三角関数は，周期性を持った学校数学に登場する実質的に唯一の関数なんです。高校レベルで出てくる，初等的な数学に出てくる，前節で述べたような性質が成り立たない初めに出会う本格的な関数なんです。でも，例えばこういう三角関数の方程

式

$$\sin x = \sin\frac{\pi}{6}$$

は，教科書ではわざと意地悪な，次のような形で問題が出てるんだよね。

$$\sin x = \frac{1}{2}$$

右辺の$\frac{1}{2}$を$\sin\frac{\pi}{6}$と直して出題せよって，実は思うんだけどね，これをいったん直して解かなければいけないから。だから，上の問題に$x=\frac{\pi}{6}$って答える人はかわいいよね。だってsinが約せるって思ってるわけでしょ。いい線行っているんだけど，sinに関しては通用しないわけです。なぜってsinは周期関数だから。しかも，周期的であるだけでなくもっと嫌味な点があるわけですね。例えば$-\pi$から$+\pi$というようなsinの1周期分の中に入ってる場合でも，$\sin x=\sin\alpha$から$x=\alpha$を導くことが出来ないのであって，$x=\alpha$または$x=\pi-\alpha$であるという，これは皆さんもよく習っているところですね。しかし，これが周期を無視したものです。

実はこれに$2n\pi$加えただけの不定性がある。そして，$x=\frac{\pi}{6}+2n\pi$，または$\frac{5}{6}\pi+2n\pi$，ここで整数nが存在する，といって初めてこれが解ける。nはある整数って言ってもいい。こう言うより，君たちはおそらく任意の整数と言った方が気持ちが出るかもしれません。ただ，n が任意の整数値を取りうるってのは正しいんですが，$x=\frac{\pi}{6}+2n\pi$，$x=\frac{5}{6}\pi+2n\pi$ という１個書いて n は任意の整数値を取る，というふうに書くと，x がまるで命を持った変数として変化していくというふうに理解しなきゃいけないので，これはなかなかやりづらいですね。まあ，数学の言葉にならないわけです。君たちが任意の整数としてこういうのを理解しているならそれでいいんですが，教科書によく書いてある $n=0,\ \pm1,\ \pm2,\ \pm3,\ \cdots$ この書き方で納得して満足している人は今は，その書き方で良いです。

さて，三角関数の方程式はこんな単純なものでさえ解くのが大変なんですが，三角不等式になるともっと難しくなります。等号が不等号に変わったらどうなるか。そして解の表し方もぐっと変わってくるわけですね。こちらは分かり易くするためにこう書こうかな。

$$\sin x > \sin\alpha \iff \begin{array}{l}\text{ある整数 } n \text{ に対して} \\ \alpha+2n\pi < x < (\pi-\alpha)+2n\pi\end{array}$$

解が x と α の不等式だと解いた気分が出ないという人は，α の代わりに y としてやれば，x，y についての不等式ですから，xy 平面に不等式の表す領域を図示することが出来るわけですね。

三角関数の問題の本質的な難しさ

三角関数はこのように，最も簡単な方程式・不等式でさえ実は解くことが難しいわけです。ですからよく出題される

$$\sin x = \frac{1}{2}$$

のような問題は，

$$\sin x = \sin \frac{\pi}{6}$$

って書いてくれた方がよほど本質的な問題に迫れるのに，そういう本質は隠されて教科書の中に書かれている。こういう方程式の解き方は，xy 平面上に単位円を描いて，$y = \frac{1}{2}$ という直線を引いて，単位円と交点を求めて……という表面的なテクニックばかり書かれている。その裏に三角関数の方程式の持つ本質的な難しさがあるわけです。

例えば指数に関する方程式や不等式あるいは関数に関する問題の中で最も難しい問題として，次のような問題を見てみよう。

【問題】

$$y = 4^x + 4^{-x} + 2a(2^x + 2^{-x}) + b \quad (x \text{ は実数})$$

このときの y の最小値を求めなさい。

結局のところ，$2^x+2^{-x}=t$ と置くと y は t の２次関数になるから，指数関数と言っても本質的には２次関数の問題に過ぎない。t と置いたのですから t の“とりうる値の範囲”を求めるためにそれなりの手間はかかりますがどうってことない。対数に関する方程式，不等式についても本質的に，実は単純なわけです。

ところが，三角関数に関する関数とか，方程式，特に不等式になるとやっかいになるわけですね。たとえば，次の方程式を考えます。

$$\sin^2 x + 2a\sin x + b = 1 \quad \left(0 \leq x \leq \frac{\pi}{2}\right)$$

これは a，b ってパラメーターが入ってますが，$\sin x$ に関する２次方程式だから $\sin x = t$ とおけば

$$t^2 + 2at + b = 1 \quad (0 \leq t \leq 1)$$

という簡単な２次方程式のように見えます。ただ，与えられた方程式を満たす x の実数は，この区間の中にただ１つの実数値を持つという問題だと，えらいやっかいなことになります。その理由は簡単で，t と x の対応関係は方程式 $\sin x = t$ で表されるんですが，t の２次方程式を満足する t の値が，たった１個であったとしても，元の式を満足する x の値は１個とは限らないわけです。

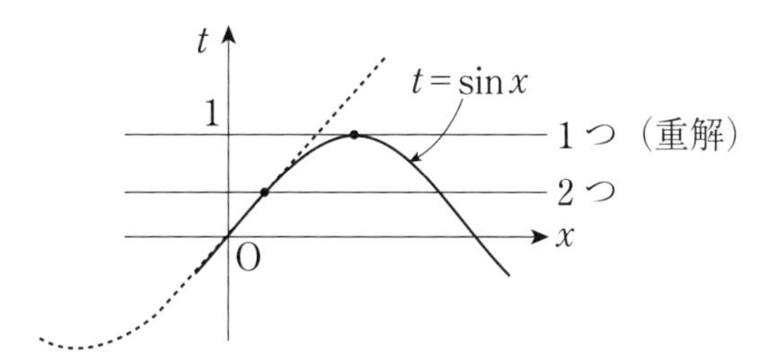

たとえば t が $0 < t < 1$ の値だとすると，この t の値に対して x の値が２つ存在するわけですね。$t = 1$ のときにはたった１つ。普通の方程式でいえば重根の場合です。この辺にあれば，$t = 1$ に対して x の値１つということになります。

こういう意味で技術的に難しい問題は三角関数に関する方程式はもうほとんど無尽蔵に作られます。しかし，そんなことをやっても数学的に意味があまりないので，こんなことで子供をいじめるのはやめようっていうのが普通の見識ある大人の立場なんですけど，ときには，鍛えることが青年を困難を通じて鍛え育てるべきだと考える人がいて，やたら難しいというか技術的に煩雑な問題に入っていくことも少なくありません。

三角関数の本質的な難しさは，三角関数の周期性にあって，ここからは逃れることが出来ないんですね。ところが，三角関数の周期性がこの後の三角関数の重ね合わせ（246ページ）と指数関数（244ページ）との深い関連ってところで現代数学的には大事な話がありまして，例えば

$$y=\sin x-\frac{\sin 3x}{3}+\frac{\sin 5x}{5}-\frac{\sin 7x}{7}+\cdots$$

という列を作るとこれがまた驚くべき関数になるわけです。どのように驚くべきかということは，今日は解説する時間の余裕がないので残念ながら省きます。でも君たちは携帯電話を持っていますから，ぜひやってほしいのは，“Geogebra”。これはgeometry（幾何学）とalgebra（代数学）を結びつけた言葉ですが，そのグラフを描いたりするのに非常に強力です。そういうソフトをもう1つ，グラフを描く上でもっと簡単なのは，“gnuplot”。グニュープロットと読む人がいるんですが，本当はヌープロットって言うんです。これはフリーで使えます。Mac OSでもWindowsでもiPhoneでもアンドロイドの携帯電話でも皆，使えます。こういうソフトウェアを利用することによって，ちょっと進んだものの絵を描くってことが簡単にできます。

指数関数と三角関数の間に潜む内的な関係

さて，先ほど，指数対数は簡単だが三角関数は複雑だと言いました。三角関数の煩雑さ，複雑さを象徴するのが加法定理なんですが，三角関数のあの煩雑な加法定理の中に，三角関数と指数関数を結びつける非常に大切な秘密が隠されていたという

ことが18世紀に分かったんです。それはですね，iを虚数単位として

$$e^{ix}=\cos x+i\sin x$$

と表される非常に有名な関係で，数学ファンの中にこの公式をすごく愛してくださっている方もいてTシャツなどにプリントしている人もいます。これはオイラーの公式という有名な公式です。実はこの公式を使って，指数法則が成り立っていると仮定して〈本当はそこも問題なんですが〉，加法定理が成り立っていることが分かる。

$$e^{i\alpha}\cdot e^{i\beta}=e^{i(\alpha+\beta)}$$

指数法則では当たり前に見える関係をこの定義に基づいて書き直してみると，

$$(\cos\alpha+i\sin\alpha)\cdot(\cos\beta+i\sin\beta)=\cos(\alpha+\beta)+i\sin(\alpha+\beta)$$

実は加法定理の公式にピッタリあてはまるという，初心者が耳にすると驚くべき話があります。上式を割り算にすると，引き算$\alpha-\beta$の加法定理が出て来ます。この驚くべき関係を，家でぜひ堪能してみてください。

数学のことをあまり知らない世間の人たちには，もっとも深遠に映る数学の面白い関係なんですね。「この公式がもてはやされるのは，指数関数に関する本格的な理解がないからだ」とバッサリ切って捨てた大数学者もいますが，高等学校流に指数関数，対数関数を定義するという立場だと，この定理は非常に

不思議に見えるんです。でも大学で学ぶ数学を踏まえていうと，実に自然な関係に過ぎないっていうことが分かります。実は，三角関数は皆さんのレベルに留まってない非常に重要な理論的な有用性と，かつ理論的有用性によって開発された，実用的な有用性があるんですね。皆さんにとって一番親しみやすいのがエレクトーンだと思います。エレクトーンで，なぜバイオリンの音，クラリネットの音ってボタン１つで音色が変えられるのかって，それは基本となる音声を合成しているからです。その音色の合成には何を使っているのかっていうと，波の重ね合わせですね。周波数（あるいは波長）が違う波っていうのを，周期も振幅も，位相も違う，そういうのを重ね合わせる，合成することによって出来るわけです。

単振動の合成というのはこの話に向かってる第一歩なので，その大事な第一歩を公式の暗記だけで済ませては絶対ならない，といったわけでした。会津の言葉でいえば，「ならぬものはならぬ」，数学でいえば，「数学的でないことは絶対に許してはいけない」。これは教科書に書かれていようと参考書に書かれていようと「ならぬものはならぬ」のです。数学的な精神だけが大事なのであって，その数学的な精神というのは君たちの無限のどっか天井にあるのではなくて，君たち自身が自分の魂に問いかけ，その魂からの響きを君たちが感ずれば，その世界に接近することが出来る。三角関数というこんな平凡な世界の中に，豊かな豊かな数理世界への入門が隠されているってことが少し分かったでしょうか。

講義を振り返って

（講義内容はここで終了だが，最後の雑談が面白かったので少し雰囲気を）

長岡：「2時間，終わってどうでしたか？」

生徒さん：「少し奥が深い。」

長岡：「可もなく不可もなくって答弁ですね。もう少し傷つくことを言ってくれるかな。」

生徒さん：「新しい視点から聞かせてもらってすごく良かったです。」

長岡：「そうですか。新しい視点というのは大事で，君たち，ボーイフレンド，ガールフレンドに対して新しい視点を持つと突然好きになったりするんだよ。人を好きになることと数学を好きになることは全く同じだと思いますね。要するに平凡にその人のことを見ているだけでは絶対に好きにならない。本当にその人の魅力に触れたときにビリッとくる。

よかった。「女の子にもてたかったら，男を磨きなさい」って言いますね。男を磨くには何をする？　やはり利発である，理性の光に照らされた存在であるってことを女の子に見せることです。そのためには何をするか。数学を勉強することですよ。街で売られている参考書をいくらやってもだめ。やっぱり数学との出会いがないと。これが数学っていうのがないと。高校数学は50個100個やれば終わりです。」

あとがき

本文に関わっているときは，それを少しでも満足できるように（より正確には，後で自分が読んで出る不満ができるだけ少なくなるように）という点にしか注意が行かないので，あとがきを書くことなど，全く想定もしていなかったのであるが，自己紹介のようなものを書け，自分への謝辞は序文には要らない，という厄介な注文に答えようとして苦吟しているうちに，そういう私の姿を見て，書籍としての全体的な構成を考える編集者の立場から「それならあとがきを書いたらどうですか？」という提案をいただき，「それなら是非！」と申し上げ，これを書かせていただくことになった。

というのも，講演録という，筆者としては，なんとなく気が引ける書籍をまとめたときに心に残っている，本書に込めた祈りのような願いを，幾分敷衍して釈明させていただきたいと思ったからである。

少し長い人生を生きてきた人間が，「近頃の若者は，…」と語るとき，その裏に「自分達が若い頃は…」という自分の人生に対する《忘却で美化された過去》のような《根拠のない根拠》だけに依拠することが多く，とりわけ，教育のように，誰もが一家言を容易にもつ分野では，この種の論理の腐敗に特に気をつけないとならないということは十分承知しているが，筆者は，40歳を過ぎた頃から，日本の若者の姿勢が「真剣さと誠実さ」「沈思黙考に基づく批判精神」から「安易と姑息」「熱狂と追従」へと急旋回している風向きの変化を感じはじめ，50歳を過ぎた頃から，一層鮮明化するこの変化の傾向（「マニュアル志向」という人も多かった）の背後に，数学教育の責任があるのではないかと疑いはじめた。もちろん，「自分達が若い頃は，安易な発想に基づく姑息な手段を嫌い，つねに冷静に全体を見つめ，権力の利権に対して警戒心をもっていた」と主張するつもりはまったくない。

しかし，少なくとも昔の数学教育では，「…を書いていないと，10％減点！」とか「この公式を知らないと，計算が大変すぎて損をするぞ」とか，果ては「試験に出題されないことは無視して，頻出重要問題の模範答案の書き方をしっかり暗記すれば良い」というような，強迫的に利己心を煽る「現実的な指導」は，幸いにして一定以上の学力層に対してはほとんど見聞することはなかった。しかしいまはこれが最近の数学教育の標準スタイルとなっているからである。

しかし，「受験のため」を標榜するこのような低俗な数学指導には，無視できない社会的背景がある。それは最近は，「難関大学」に限らず，押し並べて入試問題が「難しい」ことである。それは少子化の波を見据えて，死活の経営を迫られている中で，一部の私立学校にとっては入試が生存競争を乗り切るための「美味しい収入源」となっていることである。この不思議な不条理の現状を反映して，入試において，合格者を適性かつ公正に選択するという本来の目的からすると合理的とはいえないほど，実に「難解」な問題が出題されている。それは，多くの人が誤解するように，競争の激烈化の結果ではなく，各大学の出題者がそれぞれの学生に合致した問題を作成する努力を怠り，著名な他大学で出題された問題を，《無意味に改題》して《見掛けだけ立派すぎる出題》をしてきたことの結果である。

実は，この種の見掛けだけの違いで「新作」を標榜する不正は昔からなかったわけではない。筆者自身は，高校生の時代，友人たちに強制されている，当時のひどい数学教育の状況（特に「参考書」や「問題集」の）に，もう少し《本質的な部分を抽出》し，そのような問題をもう少し《合理的に配列》し，模範解答をもう少し《論理的に叙述》すれば，理解の効率が飛躍するはず，と考えて，友情と義憤から，大学ノートに自ら整理した問題を数題ながら毎日の課題として書き，翌日，あるいは翌々日返ってきたそのノートの記述を添削したものをさらにその翌日戻す（そのためにノートは一人２冊以上必要であった）という活動（いわば交換日記の数学版）をしたことがあった。

《数学をより深く理解できたときの感動を経験》することが数学という世界に接近する唯一の道であると思っていたからである。当然のことであるが，これは驚くほどの《成果》を産んだ。

しかし，当時の私は，数学教育の自明な理想がこれほど見失われ，誤解されている「理由」が全く分からなかった。大学志望者の数は増大を続けており，《正しく数学を勉強》して，《数学の真の実力》をつけることの意義が誰の目にも明らかだと思っていたからである。

30歳前後に，藤田宏先生（東京大学名誉教授，現 TECUM 執行名誉会員）のお誘いで，『大学への数学』（研文書院，通称『黒本』）や文部科学省検定教科書，あるいは「駿台予備校」，「旺文社ラジオ講座」の仕事に携わったことを契機に，上の「理由」に《深刻で構造的な原因》があることに気付き，それを数学と哲学と歴史を武器に綿密にあぶり出す作業とそれを克服するための実践的な工夫を探求しなくては行けないと思うようになった。

「はじめに」と結びつけていただけるとお分かりになるように，筆者が，講演という形で読者に直接話かけるという気の重い仕事を引き受けるようになったことの背景には，まさにこの探求の成果を気楽に聞いていただき，できれば，より多くの方々に，現状を導いている原因となっている誤解から醒め，現状を改善する力として加わっていただきたいと願ったからである。

この講演の成果を，書籍という形に《昇華》させて，講演の場にいらっしゃらなかった方とも共有できれば，というのは，おこがましい野心であるが，上に，述べてきたように，今日の問題が，大きな社会的な背景をもっているとすれば，問題意識を共有してくださる同志の存在は決定的に重要であるので，自身が《生きてきた証》として，また，現代の世代を生み出した《親の責任》として，敢えて上梓してみたいと思ったということである。

そして，孤独に頑張る優秀な数学の先生方の切磋琢磨を応援する活動を継続的に発展させて行くために，2018年から，TECUM（現時点では認証NPO法人）という運動体を作った。関心をもっていただける方は，TECUMのWeb site, http://www.tecum.world/ にアクセスしてみてください。

TECUM のロゴは，TECUMの基本理念（学理と実践の緊張ある調和，すなわち，数学に対する深い尊敬と数学教育に対する謙虚な努力という二つの理想の共存）を象徴したものです。

2019年12月3日

長岡 亮介

私の数学教育への原点
― 自己紹介に代えて

長岡 亮介（ながおか りょうすけ）

小学生のときは，学校が大好きでした。それは，小学校１年生から４年生まで担任をしてくださった恩師（藤田至先生）が大好きだったからで，勉強の方はからきしダメだったと記憶します。（ダメだったと断定しないのはその記憶すら不鮮明であるからです。）

ところが，尊敬する先生の真似をしたかったせいか，人に教えることは大好きだったようで，私よりずっと勉強の良くできる，ませた友人からは，「はにかみ屋の癖にお節介好きな教育者！」と揶揄（やゆ）されることもありました。しかし，藤田先生が教えてくださった理解の感動とそれを伝える感動は，いかなる揶揄にも耐え，成人してからは，単なる趣味を超え，趣味を活かした仕事になっていました。

子どもを導く先生の存在の重要性を思うとき，いまどきの学校や先生の話を耳にするにつけ残念に思います。有名な話題ですが，英語には「教育」を表現する単語として education と instruction の２つが基本的です。しかし，語源から言うと，両者は正反対です。instruct＝中に構造（structure）を入れて組み立てる，を原義とするinstructionはいわば，運転練習のような「技の教習」であるのに対し，educationはその語源educare＝引き出すからして，「潜在的に眠っている能力の発見と開発」です。最近の数学教育が，運転教習のようなものになり下がっているのは残念至極です。

授業中ぼんやりしていただけの私の中に眠る力を信じて，やがて人並になるまで可愛がり続けてくださった藤田先生のような真のeducatorに出会えた好運に感謝しつつ，先生が命がけで示してくださった道を私なりに歩んで生きたいと思っています。

数学的な思考とは何か
〜数学嫌いと思っていた人に読んで欲しい本〜

2020年2月29日　初版　第1刷発行

著　者　長岡 亮介
発行者　片岡　巌
発行所　株式会社技術評論社
東京都新宿区市谷左内町21-13
電話　03-3513-6150　販売促進部
03-3267-2270　書籍編集部

印刷／製本　株式会社加藤文明社

定価はカバーに表示してあります。

造本には細心の注意を払っておりますが、万一、乱丁（ページの乱れ）
や落丁（ページの抜け）がございましたら、小社販売促進部までお送
りください。送料小社負担にてお取り替えいたします。

●ブックデザイン　大森裕二
●カバー画像　表1　©bpk/Staatsbibliothek zu Berlin/distributed by AMF
出典：Sinfonie Nr. 9, d-Moll, op. 125, 4. Satz (mit der "Ode an die Freude")
L. v. 2; Mus.ms.autogr. Beethoven, L. v., Artaria 204
autogr. 2, Folio 125r - Allegro assai vivace. Alla marcia: Froh, wie seine Sonnen fliegen
表4　©bpk/Staatsbibliothek zu Berlin/distributed by AMF
出典：Sinfonie Nr. 9, d-Moll, op. 125
L. v. 2; Mus.ms.autogr. Beethoven, L. v., Artaria 204
Satz［Artaria 204(6), S. 3］
●本文DTP　株式会社 森の印刷屋，株式会社 新後閑

ISBN978-4-297-11151-9 C3041
Printed in Japan